Ioana Stanciu

Tecnologia do álcool e das leveduras

Ioana Stanciu

Tecnologia do álcool e das leveduras

ScienciaScripts

Imprint
Any brand names and product names mentioned in this book are subject to trademark, brand or patent protection and are trademarks or registered trademarks of their respective holders. The use of brand names, product names, common names, trade names, product descriptions etc. even without a particular marking in this work is in no way to be construed to mean that such names may be regarded as unrestricted in respect of trademark and brand protection legislation and could thus be used by anyone.

Cover image: www.ingimage.com

This book is a translation from the original published under ISBN 978-620-7-80967-7.

Publisher:
Sciencia Scripts
is a trademark of
Dodo Books Indian Ocean Ltd. and OmniScriptum S.R.L publishing group

120 High Road, East Finchley, London, N2 9ED, United Kingdom
Str. Armeneasca 28/1, office 1, Chisinau MD-2012, Republic of Moldova, Europe
Printed at: see last page
ISBN: 978-620-7-86948-0

Índice

I. TECNOLOGIA DO ÁLCOOL E DAS LEVEDURAS

I.1. VISÃO GERAL

A indústria do álcool e das leveduras baseia-se principalmente na atividade fermentativa das leveduras, que transformam os hidratos de carbono fermentáveis do substrato em álcool etílico como principal produto de fermentação e, respetivamente, em biomassa.

A palavra álcool vem da palavra árabe .al-kohol. que significa coisa, objeto subtil e foi mencionada pela primeira vez na Europa no século XIII pelo alquimista italiano Taddeo Aldoretti (Florença). A adoção da palavra álcool, respetivamente alcohol, é depois completada por Arnoldo da Villanova no século XIII e entra no uso dos alquimistas no século XIV, através dos trabalhos de Teofrasto Paracelso, com o significado de excelente finesse. para ser recuperada e posta em uso corrente em 1787 por Lavoisier na sua nova nomenclatura química.

Nos séculos XIV a XVI, a produção de álcool tornou-se cada vez mais comum e surgiram uma série de designações, como álcool de vinho ou spirito di vino, que significa a parte mais subtil do vinho representada pelo álcool. No século XVIII, realizam-se os primeiros estudos sobre a formação do álcool através da fermentação de xaropes de açúcar, marcando o final deste século um progresso especial no conhecimento da natureza do álcool, da sua formação e constituição, bem como no seu controlo analítico. O século XVIII marca o aprofundamento dos fenómenos de transformação do amido em hidratos de carbono e depois em álcool, com especial destaque para o famoso químico Lavoisier.

Os estudos efectuados por Fabroni, Thenard, Appert, Gay-Lussac, Cagniari de Latour, Schwan, Turpin, Liebig e o célebre Pasteur, no século XIX, sobre a fermentação alcoólica, conduziram à produção de álcool à escala industrial a partir de diversas matérias-primas.

Também no século XIX, o álcool foi produzido pela primeira vez de forma sintética ou através da combinação de elementos obtidos a partir de substâncias minerais. Atualmente, são produzidas grandes quantidades de álcool, tanto de forma natural como sintética.

O álcool etílico é atualmente produzido em todo o mundo, principalmente através da fermentação de uvas que contêm hidratos de carbono fermentáveis, com a ajuda de leveduras. O álcool etílico obtido por meios biotecnológicos é também designado por bioálcool, distinguindo-o assim do álcool etílico sintético. O álcool etílico refinado tem múltiplas utilizações em diferentes indústrias. Na indústria alimentar é utilizado para o fabrico de bebidas alcoólicas e vinagre, na indústria química para a obtenção de borracha sintética e como solvente, na indústria farmacêutica para

na preparação de certas substâncias (éter, clorofórmio, etc.) e na medicina como desinfetante.

O álcool absoluto, com uma concentração de 99,8% vol., é utilizado em países sem jazidas de petróleo, como combustível, numa mistura de 20-30% com a gasolina, o que também aumenta o índice de octanas. O Brasil tem o programa mais ambicioso no que respeita à utilização do álcool para fins energéticos, que, sob a designação de PROALCOOL, visa substituir 15-21% da quantidade de gasolina por álcool obtido a partir da cana-de-açúcar. No Japão, foi desenvolvido o programa RAPAD (Research Association for Petroleum Alternatives Developments), que visa a produção de etanol e acetona-butanol-etanol através de processos biotecnológicos, utilizando a celulose como matéria-prima.

Em França, o programa Carburol visa a produção de álcool etílico a partir da beterraba e de butanol a partir da palha. A Nova Zelândia efectuou estudos para obter etanol a partir de lactoserum. A noção de leveduras incluía tanto a levedura prensada, utilizada na indústria de panificação como agente de fermentação biológica, como a levedura forrageira, que é utilizada em grande escala para complementar o défice global de proteínas na alimentação animal.

II. MATÉRIAS-PRIMAS UTILIZADAS NO FABRICO DO ÁLCOOL E DAS LEVEDURAS

De acordo com a natureza das substâncias úteis que contêm, as matérias-primas utilizadas no fabrico do álcool e das leveduras podem ser classificadas da seguinte forma:

1. Matérias-primas amiláceas:

- cereais: milho, centeio, trigo, cevada, aveia, arroz, sorgo, etc;

- batatas;

- raízes e tubérculos de plantas tropicais: raízes de mandioca, tubérculos de batata-doce, etc.

2. Matérias-primas açucaradas:

- beterraba e cana-de-açúcar;

- melaço de beterraba e de cana-de-açúcar;

- uvas, frutos, groselhas doces, etc.

3. Matérias-primas celulósicas:

- resíduos de madeira de abeto, pícea, faia, etc;

- Lixívias de bissulfito resultantes do fabrico de celulose.

4. Matérias-primas que contenham inulina e liquenina:

- Tubérculos de tupinambos;

- raízes de chicória;

- Musgo da Islândia.

As matérias-primas apresentadas não esgotam a totalidade das matérias-primas possíveis de serem utilizadas no fabrico de álcool e levedura, estando a ser feita investigação para descobrir novas fontes de matérias-primas a partir das quais se pode obter álcool e levedura em condições económicas. De seguida, apresentam-se apenas as matérias-primas utilizadas nas fábricas de álcool e de levedura do nosso país.

As matérias-primas mais utilizadas são o melaço, os cereais e a batata.

II.1. Melaço

Por melaço entende-se o último resíduo que resta do fabrico do açúcar, após a cristalização repetida da sacarose e a partir do qual já não é possível obter economicamente o açúcar por cristalização.

Durante a Primeira Guerra Mundial, devido ao facto de os cereais já não se encontrarem em quantidade suficiente, as pastas de amido sacarificado foram substituídas no fabrico de levedura pelo melaço, que tinha um preço mais conveniente e era mais fácil de armazenar do que os cereais.

Atualmente, nos E.U.A., Europa, Austrália como no nosso país, o melaço é a principal matéria-prima utilizada no fabrico de levedura de panificação e em condições controladas, 4 g de melaço (aproximadamente 2 g de sacarose) podem contribuir para a obtenção de um grama de levedura de panificação.

Características físico-químicas. Do ponto de vista físico, o melaço apresenta-se como um líquido viscoso, de cor castanha-escura, com um cheiro agradável a café acabado de torrar e um sabor agridoce. A reação do melaço é, em regra, ligeiramente alcalina.

A composição química do melaço varia em função da matéria-prima utilizada para o fabrico do açúcar (beterraba ou cana-de-açúcar) e do processo tecnológico aplicado nas fábricas de açúcar.

O melaço de beterraba tem a vantagem de favorecer a obtenção de um produto de cor mais clara, mas contém betaína que não é assimilada pela levedura e, assim, o consumo bioquímico de oxigénio aumenta através da descarga de águas residuais. Também pode ser deficiente em biotina, uma vitamina necessária para o crescimento da levedura.

O melaço de cana-de-açúcar é rico em biotina, por outro lado, a biomassa de levedura obtida tem uma cor mais escura, pelo que são necessárias operações de lavagem adicionais. Para garantir um ambiente de crescimento ideal, pode utilizar melaços mistos aos quais são adicionados fosfatos, fontes de azoto e factores de crescimento; no entanto, no nosso país é preferível utilizar melaço de beterraba sacarina na produção de levedura de padeiro, sendo o melaço de cana-de-açúcar utilizado na produção de álcool.

A concentração de substância seca do melaço é praticamente expressa em graus Balling (Bllg) ou Brix (Bx), que representam percentagens em massa de substância seca dissolvida.

Os hidratos de carbono do melaço de beterraba sacarina são maioritariamente representados pela sacarose, juntamente com pequenas quantidades de rafinose e açúcar invertido. Uma percentagem superior a 1% denota a contaminação do melaço com microrganismos que produzem a inversão da sacarose.

As impurezas do melaço incluem substâncias orgânicas (substâncias azotadas e não azotadas) e sais minerais.

As substâncias azotadas são representadas principalmente por produtos de decomposição de proteínas e, em menor grau, por proteínas macromoleculares. Entre estas, a betaína é encontrada em maior quantidade, podendo atingir cerca de 5% em comparação com o melaço. O ácido glutâmico é encontrado em maior quantidade entre os aminoácidos.

A quantidade de substâncias azotadas, expressa em azoto total, varia entre 1,2 e 2,4%, dos quais o azoto assimilável representa 0,4÷0,6%, quantidade insuficiente para a nutrição das leveduras. Por esta razão, tanto no fabrico de álcool como de leveduras, é absolutamente necessário adicionar sais de azoto sob a forma de sulfato de amónio, fosfato de amónio, água de amoníaco, ureia, etc.

As substâncias não-nitrogénicas incluem: pectinas, hemiceluloses e os seus produtos de hidrólise (arabinose e galactose) e sais de ácidos orgânicos. Entre as vitaminas, a tiamina, a piridoxina e o ácido pantoténico foram encontrados no melaço de beterraba sacarina. O teor vitamínico do melaço é muito importante para o fabrico de álcool e, sobretudo, de leveduras.

Os sais minerais encontram-se numa proporção de 6÷8% em relação ao melaço e são representados pelos sais de K, Na, Ca e Mg dos ácidos carbónico, sulfúrico, fosfórico, etc. O teor de fósforo do melaço é muito baixo, pelo que no processo de fabrico o teor de fósforo do melaço é corrigido pela adição de superfosfato ou fosfato de amónio. O melaço contém quantidades suficientes de Ca, mas o seu teor de magnésio é baixo, especialmente quando os zemes são tratados para purificação com permutadores de iões. A deficiência de magnésio do melaço é corrigida pela adição de sulfato de magnésio.

No melaço há também dióxido de enxofre que provém do processo tecnológico de obtenção do açúcar, sendo utilizado para a descoloração de zemas de difusão, bem como nitritos formados por redução a partir de nitratos. A presença de SO_2 e nitritos é indesejável porque inibe a atividade das leveduras. Por esta razão, o teor de SO2 do melaço não deve ultrapassar 0,008% [22].

Um lugar especial na composição do melaço é ocupado por colóides proteicos, pécticos e melanoidínicos, que impedem o funcionamento normal da célula de levedura e produzem uma espuma abundante e indesejável nos tanques de fermentação. Por este motivo, é necessário clarificar o melaço.

O melaço contém igualmente substâncias corantes, que consistem em melanoidinas, melaninas, caramelo, bem como suspensões formadas pela coagulação de colóides e pela precipitação de sais inorgânicos e orgânicos.

A composição e a qualidade do melaço diferem de fábrica para fábrica e mesmo dentro da mesma campanha, em relação a:

- a qualidade da beterraba sacarina;

- a natureza do solo em que a beterraba sacarina foi cultivada;

- a quantidade e a qualidade dos fertilizantes aplicados ao solo;

- factores meteorológicos e climáticos;

- o processo tecnológico de extração do açúcar;

- as condições de armazenamento do melaço.

A qualidade do melaço, como matéria-prima, é particularmente importante na multiplicação da levedura de padeiro.

Industrialmente, é preferível utilizar apenas o melaço de beterraba sacarina, que é menos contaminado do que o melaço de cana-de-açúcar.

Para além de substâncias valiosas, o melaço pode também conter substâncias com efeito inibidor sobre a atividade fisiológica das leveduras, formadas no processo de obtenção do melaço. Estas incluem:

- imidodissulfonato de potássio que, em quantidades superiores a 5%, inibe a atividade das leveduras. Resulta dos nitritos e sulfitos que se encontram no melaço através da atividade de algumas bactérias;

- Os nitritos presentes no melaço, numa concentração superior a 0,02%, inibem a multiplicação das leveduras;

- ácido acético, ácido butírico, em concentrações superiores a $0,1\div1\%$, inibem a multiplicação das leveduras [19].

Entre estas substâncias, a maior influência é exercida pelos nitritos resultantes da redução dos nitratos do melaço, sob a ação de bactérias desnitrificantes. Estas podem utilizar os nitratos como aceptores de hidrogénio, em vez de oxigénio, no processo de respiração. Assim, os nitratos são reduzidos a azoto ou amoníaco.

As bactérias desnitrificantes contêm enzimas induzidas, como a nitrato redutase e a nitrito redutase, que efectuam a desnitrificação. Quando o nitrato e o oxigénio molecular estão presentes no ambiente, os desnitrificadores produzem a respiração oxigenada dos nitritos e só quando há falta de O_2 é que passam à desnitrificação.

A ação nociva dos nitritos consiste em alterar a morfologia das células, atrasar a respiração, inibir a multiplicação e a atividade de fermentação das células de levedura. A maior sensibilidade foi registada na fase logarítmica da multiplicação da levedura. Com um teor de meio de apenas 0,0005%, o brotamento normal das leveduras é inibido. O teor de nitrito de 0,0004% reduz a multiplicação de leveduras de cultura em 50%, e na quantidade de 0,02%, inibe quase completamente o crescimento e a multiplicação de células, e algumas das leveduras morrem, principalmente os rebentos.

Se a concentração de nitritos no meio diminuir de 0,0037 para 0,001% durante a multiplicação da levedura, o rendimento da levedura melhora em 8÷10%, e de concentrações de 0,009 para 0,002% em 17÷21% [28].

A resistência da levedura de panificação depende também do grau de contaminação do melaço. O melaço tem uma carga microbiana elevada e é considerado um bom melaço aquele que contém até $2 \cdot 10^3$ células/g; o de qualidade inferior tem mais de $3 \cdot 10^4$ células/g.

Atualmente, em cada década, são realizadas análises físico-químicas e microbiológicas ao melaço existente em stock e a utilizar na produção. As análises microbiológicas consistem em:

- determinação do número total de bactérias aeróbias e mesófilas, em meio de caldo de carne gelatinizado, termostático durante 48 horas (35^0), em UFC/g de melaço;

- determinação do número de leveduras e bolores, em meio de ágar mosto de malte com pH = 3,5 ajustado para distribuição, termostático durante 3 dias a 25^0 C, em UFC/g de melaço;

- teste qualitativo para destacar bactérias do género Leuconostoc, espécie Leuconostoc mesenteroides por cultura a partir de diluições decimais em meio enriquecido com 15% de açúcar;

- determinação do número de leveduras (osmófilas) em meio com mosto de malte e 10% de açúcar, termostático durante 3 dias a 25^0 C, em UFC/g melaço;

- exame microscópico das colónias características para efeitos de identificação.

II.2. Cereais

A composição química dos cereais varia consoante a variedade, as condições pedoclimáticas e a técnica agrícola aplicada.

O milho é um cereal básico utilizado na economia do nosso país, tanto na alimentação, como na forragem e na indústria. O país de origem do milho é o México, no nosso país foi introduzido na segunda metade do século XVII. Atualmente, a área cultivada de milho ocupa o segundo lugar depois do trigo, mas do ponto de vista da colheita obtida, está em primeiro lugar, tendo uma maior produção por hectare.

São conhecidas muitas variedades de milho, que diferem umas das outras em função das suas características botânicas e económicas. De acordo com a estação de crescimento, podem distinguir-se variedades tardias e precoces, com produção elevada e baixa, com diferentes formas e tamanhos dos grãos, com grãos de cores diferentes, com uma estrutura farinhenta, semi-vulgar ou vítrea.

Para a produção de álcool, é preferível o milho com grãos farinhentos (espécie Zea mays dentiformis), que se caracteriza por um elevado teor de amido e um menor teor de proteínas.

As partes que compõem o grão de milho são o endosperma ou núcleo farinhento, a casca e o gérmen (embrião). A proporção média das partes componentes é a seguinte: 81÷85% de endosperma, 5÷11% de invólucro e 8÷14% de embrião.

O teor de amido do milho representa cerca de 70% da substância seca do grão. Devido ao elevado teor de lípidos, que se encontram sobretudo no embrião, as maçarocas de milho fermentam tranquilamente quase sem espuma, o que permite aproveitar ao máximo as capacidades de fermentação, e o borboto resultante da destilação tem um elevado valor forrageiro.

O centeio é um cereal que, do ponto de vista do grau de utilização, ocupa o segundo lugar a seguir ao trigo no nosso país, mas há países, como os do norte da Europa, onde o centeio ocupa o primeiro lugar. A planta do centeio faz parte da família das gramíneas, com um caule alto e folhas finas com um comprimento de 13÷20 cm. A inflorescência é uma espiga com fecundação alógama, e o fruto, uma cariopse. O centeio é um cereal pouco exigente em termos de solo e de clima.

O grão de centeio tem algumas características comuns às do trigo, mas o grão é mais alongado do que este.

O grão de centeio caracteriza-se por uma cor de casca verde, amarela e por vezes cinzenta.

Do ponto de vista da ligação entre as camadas, o centeio apresenta algumas diferenças em relação ao trigo: a casca do centeio apresenta uma concreção mais avançada com a aleurona e o corpo farinhento. A superfície exterior do grão de centeio, vista à lupa, apresenta estrias transversais finas e a crista ventral é menos evidente do que no trigo. Além disso, os perecíveis são menos desenvolvidos. O revestimento do grão de centeio é mais espesso e mais elástico, pelo que o centeio é difícil de triturar e resulta num maior arrastamento.

O trigo é utilizado principalmente no fabrico de diferentes tipos de farinha, de grumos sob a forma de sêmola e de araruta, de produtos expandidos e achatados, como o folhado e os flocos, de massas de farinha, de glicose e de álcool.

O trigo foi cultivado pela primeira vez na Ásia 5000÷6000 a.C., no Egipto 4000 a.C., na Europa 5000÷6000 a.C. Na América, foi introduzido na cultura em 1528, nos EUA desde 1602 e no Canadá desde 1812. Na Roménia, é cultivada desde 3500÷5500 d.C. A variedade mais cultivada no nosso país é a Triticum vulgan (pão, amido, glucose, etc.), seguida em menor percentagem pela Triticum durum, para massas farinhentas e expandidas.

As principais partes que compõem o grão de trigo são: o endosperma, a casca e o embrião.

O endosperma é constituído por duas partes: o corpo farinhoso e a camada aelurónica. A camada de aleurona envolve o núcleo farinhento com uma quebra na parte onde se encontram os germes. O endosperma representa 78÷82% do grão inteiro.

O teor de revestimento do trigo representa cerca de 6÷8%. Na măcinis, o revestimento forma um corpo comum com a camada de aleurona, que também representa 6÷8% e é eliminada sob a forma de polpa, numa percentagem de 15÷22%.

O embrião ou gérmen situa-se lateralmente, na parte inferior do grão, sendo protegido apenas pela sua cobertura exterior. O embrião representa entre 2÷3% do total. Nos moinhos, os germes são separados juntamente com a polpa ou extraídos separadamente.

A proporção das partes componentes do grão de trigo, bem como dos outros cereais, são elementos fundamentais, tanto para a tecnologia de transformação dos cereais como para a contribuição que cada uma dessas partes dá para o valor alimentar dos produtos acabados.

A cevada é um cereal da família Graminaceae, muito difundido em toda a Europa. É utilizada na alimentação humana como farinha e arpacas e na alimentação animal como forragem, bem como para fins industriais no fabrico de amido, álcool, dextrina, glucose, cerveja, bem como na preparação de farinhas e produtos misturados com trigo, arroz, farinha de centeio e milho.

O grão **de cevada** pode apresentar-se revestido ou nu, amarelo dourado, amarelo claro, amarelo avermelhado ou cinzento. A estrutura do endosperma pode ser total ou parcialmente vítrea. Em média, os componentes da cevada são: 76,5% de endosperma, 13% de palha, 7,5% de aleurona e 3% de embrião.

A aveia é uma planta anual da família das gramíneas, com um fruto fusiforme, coberto por uma casca clara, com um sulco na parte inferior, coberto em toda a superfície por cerdas curtas e finas. Os componentes da aveia incluem as seguintes proporções médias 25% de palhada, 3÷4% de casca, 1,4% de camada de aleurona, 3% de embrião, 54% de endosperma.

Para além da indústria do álcool, a aveia é utilizada no fabrico de grumos em forma de grânulos ou flocos e, mais raramente, no fabrico de tipos de farinha que, juntamente com a farinha de trigo, centeio ou cevada, entram na composição de alguns produtos de panificação. Os produtos de aveia destinam-se especialmente às crianças, aos idosos e, nalguns casos, entram na dieta de pessoas que sofrem.

II.3. Batatas

Originária da América do Sul, a batata (Solanum tuberosum) é uma planta herbácea anual que se desenvolve bem em zonas de clima temperado e solos arenosos. Na Roménia, são produzidas as seguintes variedades precoces: Ostora, Sitema, Jaerla, Cobler, Carpatin; de meia-estação: Urgenta, Bintje, Brasoveanu, Gülbaba; semi-tardias: Desirée, Colina, Măgura; tardias: Merkur, Ora, Eba e Uranus.

No nosso país, o excedente de batata de consumo das regiões de produção mais importantes (condados de Suceava, Covasna, Harghita, etc.) é utilizado para o fabrico de álcool.

Para a industrialização, são preferidas as variedades de batata tardias, com um período vegetativo mais longo, de cerca de 130 dias, que acumulam uma maior quantidade de amido e têm uma resistência

melhor no armazenamento. Para o fabrico de álcool, interessa sobretudo o teor de amido, que varia entre 14 e 22%.

Na receção de cereais e batatas, o teor de amido é determinado pelo método polarimétrico (Ewers), no caso dos cereais, e com a ajuda de balanças de amido, no caso das batatas (Reimann, Parow, Eckert) [4-6]. Em vez de teor de amido, utiliza-se atualmente o termo substância fermentável, que resulta da hidrólise total da matéria-prima com enzimas adequadas e da determinação da glucose formada pelo método enzimático [8].

III. MATÉRIAS AUXILIARES E UTILIDADES UTILIZADAS NO FABRICO DO ÁLCOOL E DAS LEVEDURAS

Os principais materiais auxiliares envolvidos no processo tecnológico de fabrico de álcool e levedura são: malte verde, preparações de enzimas microbianas, nutrientes, ácido sulfúrico, factores de crescimento, antiespumantes, substâncias anti-sépticas e desinfectantes. Entre as principais utilidades, podem ser citadas a água e o ar tecnológico.

III.1. SUJEITOS AUXILIARES

III.1.1. Malte verde

O malte verde é utilizado na tecnologia do álcool a partir de matérias-primas amiláceas como agente de sacarificação, devido às enzimas amilolíticas acumuladas durante a germinação. A produção de malte verde para álcool é mais simples do que a produção de malte para cerveja, porque neste caso interessa sobretudo obter a maior atividade de amilase possível. O processo tecnológico de obtenção do malte verde é semelhante ao do malte para cerveja, mas o tempo de germinação é mais longo.

É utilizado pelo seu teor em enzimas amilolíticas, enzimas de liquefação e sacarificação de fígados. Do ponto de vista da qualidade, o malte verde é apreciado de acordo com:

- Aspeto exterior;

- Atividade da α-amilase (unidades SKB que representam gramas de amido solúvel, dextrinizado por 1 g de malte verde, durante 60 minutos, a 20^0 C, na presença de um excesso de α-amilase);

- Atividade α-amilase (unidades Windisch-Kolbach - 0WK), que representa gramas de maltose resultantes da ação do extrato de 100 g de malte verde sobre uma solução de amido solúvel a 2%, durante 30 minutos, a 20^0 C e a pH = 7,4.

A dosagem racional do malte verde para a sacarificação de matérias-primas amiláceas deve ser efectuada em função da sua capacidade amilolítica.

Uma vez que a atividade da α-amilase actua normalmente como um fator limitante, é esta que é tida em conta na determinação da quantidade necessária de malte verde. Assim, dependendo da atividade da α-amilase do malte verde, a quantidade necessária pode ser calculada utilizando a fórmula de Pieper:

$$M_v = \frac{C_a \mathrm{x A}}{100 x \alpha} \qquad (1.1)$$

M_v = quantidade de malte verde necessária para 100 kg de matéria-prima amilácea, em kg;

C_a = número de amilase, constante específica para cada tipo de matéria-prima (por exemplo, C_a = 1054 para o milho e C_a = 1001 para o trigo);

A = teor de amido da matéria-prima, em %;

α = atividade de α-amilase do malte verde em SKB.

A partir desta fórmula, Pieper elaborou tabelas que indicam as quantidades ideais de malte verde para diferentes matérias-primas amiláceas, em função do teor de amido e da atividade da α-amilase.

Exemplo de cálculo. Para um milho com 60% de amido e um malte verde com uma atividade de α-amilase de 50 unidades SKB, a quantidade de malte verde necessária será:

$$M_v = \frac{1054x60}{100x50} \qquad (1.2)$$

Trituração do malte verde. Antes de ser utilizado para a sacarificação, o malte verde deve ser triturado o melhor possível, de modo a que as enzimas estejam completamente dissolvidas e possam atuar o mais rapidamente possível sobre o amido durante a operação de sacarificação.

A trituração do malte pode ser efectuada de duas maneiras:

- em estado seco - com a ajuda de trituradores com ondas e máquinas de cortar com facas;

- no estado húmido - com a ajuda de moinhos centrífugos ou moinhos de martelos, quando a água é adicionada à moagem.

A moagem a seco é um processo mais antigo, que já não é praticado nas fábricas de álcool devido à elevada mão de obra e ao facto de, durante a moagem, o produto aquecer, favorecendo o desenvolvimento de microrganismos aderentes. Estas desvantagens são eliminadas pela moagem húmida do malte, que, para além da operação de moagem propriamente dita, envolve também a passagem das enzimas para a solução.

São necessários 250-300 l de água para moer 100 kg de malte verde. Para evitar a contaminação com microrganismos durante a sacarificação devido à carga microbiológica do malte verde, o leite maltado obtido pode ser desinfectado através da adição de uma solução de formalina a 10% numa quantidade de cerca de 3 litros por 1000 l de leite maltado, pelo menos 30 minutos antes da sua utilização. O aldeído fórmico só é eficaz durante as primeiras horas de fermentação, porque é posteriormente oxidado em ácido fórmico ou reduzido a metanol.

III.1.2. Preparações enzimáticas microbianas

A capacidade de certos bolores e bactérias produzirem enzimas amilolíticas durante o seu desenvolvimento, bem como de germinarem grãos, é conhecida há muito tempo nos países asiáticos, especialmente no Japão e na China.

Assim, uma mistura de bolores produtores de enzimas é usada para preparar saquê a partir do arroz.

O primeiro processo de sacarificação do milho para obtenção de álcool, baseado na utilização de enzimas microbianas, o processo Amylo, surgiu no final do século passado em França, utilizando uma cultura pura do bolor Amylomyces rouxii, como agente de sacarificação em vez do malte. Pouco tempo depois, o japonês Takamin obteve uma preparação enzimática bruta num meio com farelo de trigo, cultivando o bolor Aspergillus oryzae, a partir do qual, por extração com água e precipitação com etanol, foi obtida uma preparação enzimática bruta com

elevada atividade de amilase, denominada takadiastase.

Estes resultados representaram o início da produção de enzimas técnicas a partir de microrganismos. Com o advento dos métodos submersos de cultivo de bolores e bactérias após 1945, foi criada a possibilidade de obter enzimas microbianas em grande escala industrial.

As preparações enzimáticas de origem microbiana, que devem conter enzimas de degradação do amido em hidratos de carbono fermentáveis, podem ser utilizadas para os seguintes fins

- para a liquefação prévia de matérias-primas para sacarificação;

- para a substituição parcial do malte;

- para a substituição total do malte.

Em comparação com o malte verde, apresentam as seguintes vantagens

- atividade enzimática normalizada, que se altera pouco durante a armazenagem;

- são mais pobres em microrganismos nocivos;

- obtêm-se rendimentos alcoólicos mais elevados porque outros polissacáridos também podem ser hidrolisados;

- são necessários espaços de armazenamento e de transporte mais pequenos;

- as despesas relacionadas com a produção e a trituração do malte verde são poupadas.

Para obter preparações enzimáticas, são utilizados microrganismos do género Bacillus com as espécies Bacillus subtilis, Bacillus coagulans, Bacillus stearothermophillus, que produzem α-amilases resistentes ao calor, activas mesmo a $90 \div 100^0$ C, protegendo assim a fermentação e inactivando os microrganismos contaminantes.

Os bolores seleccionados podem produzir α-amilases e glucoamilases utilizadas para a sacarificação de polpas amiláceas sob a forma de preparações em bruto. São utilizados bolores do género Aspergillus com as espécies Aspergillus oryzae, Aspergillus niger, Aspergillus awamori e Aspergillus usamii. Pode produzir glucoamilases e a levedura Saccharomycopsis fibuligera (Endomycopsis fibuliger).

As preparações enzimáticas brutas são adicionadas numa proporção de cerca de 10% à polpa a ser sacarificada, que deve ser arrefecida a uma temperatura de 600C. A esta temperatura, mantém-se um intervalo de sacarificação de uma hora, após o qual o creme é arrefecido a $25 \div 30^0$ C e semeado com levedura.

O aumento do rendimento em álcool obtido pela utilização de preparados de enzimas microbianas deve-se ao facto de estas hidrolisarem em hidratos de carbono fermentáveis, substâncias que normalmente não sofrem transformações durante a sacarificação com malte. Existem mesmo certas matérias-primas (por exemplo, farinha de mandioca) em que só a utilização de preparações de enzimas microbianas pode garantir uma boa sacarificação e um rendimento ótimo em álcool.

No entanto, é necessário ter em conta as condições óptimas de ação (pH, temperatura) em função do tipo de enzimas que contêm, para que o seu potencial enzimático seja plenamente utilizado.

Existem várias empresas que comercializam atualmente preparações enzimáticas de origem microbiana para utilização na indústria do álcool: NOVO-NORDINSK (Dinamarca), AMB-MANCHESTER (Grã-Bretanha), SOLVAY-HANOVRA (Alemanha). Cada produto comercializado é acompanhado de uma ficha técnica na qual são apresentadas as principais características, o domínio da atividade enzimática, a dose de utilização e as condições de armazenamento e conservação.

Para além das preparações enzimáticas amilolíticas apresentadas, podem também ser utilizadas outras preparações enzimáticas, dependendo das matérias-primas processadas: proteases, α-glucanases, pentosanases, etc.

III.1.3. Nutrientes e factores de crescimento

Tanto no fabrico de álcool como de leveduras, é necessário adicionar nutrientes contendo azoto, fósforo, magnésio, etc., bem como factores de crescimento para compensar a deficiência do substrato nestas substâncias necessárias em quantidades bem determinadas para a nutrição das leveduras.

O sulfato de amónio, (NH)$_{42}$ SO$_4$, é utilizado como fonte de azoto assimilável. Trata-se de um pó cristalino branco-amarelado, solúvel em água, preparado industrialmente por tratamento de ácido sulfúrico com gás amoníaco. O teor de azoto varia entre 20 e 21%.

O fosfato diamoniacal técnico (adubo complexo) é utilizado como fonte de fósforo e de azoto assimilável no processo de multiplicação das leveduras. Trata-se de uma mistura de mono e dimonofosfatos, (NH$_4$)H$_2$ PO$_4$ e (NH) HPO$_{424}$, com um teor muito elevado de fósforo (54% P O$_{25}$) e de azoto (21% N$_2$). É solúvel em água (42 g/100 ml a 25^0 C, 47,5 g/100 ml a 50^0 C e 51,5 g/100 ml a 70^0 C). É insolúvel em álcool etílico. A solução aquosa a 1% tem pH = 4,7 e a solução saturada tem pH = 3,1. O produto deve conter pelo menos 95% de substância pura, max. 3 mg As/kg, max. 10 mg Pb/kg e max. 20 mg/kg de outros metais pesados.

O sulfato de magnésio ($MgSO_4$ - $7H_2O$) é utilizado como fonte de magnésio para a multiplicação de leveduras. O produto em pó deve conter 16,3% de MgO e não conter mais de 0,0005% de arsénio.

O amoníaco é vendido sob a forma de solução sintética de amoníaco dissolvida em água, com uma concentração mínima de 25%. É utilizado como fonte de azoto e para correção do pH. O amoníaco é geralmente adicionado sob a forma de água de amoníaco obtida por diluição de amoníaco com água numa proporção de 1:5.

O superfosfato de cálcio é obtido por tratamento de farinha de ossos com ácido sulfúrico e é uma mistura constituída por 3 moles de fosfato monocálcico e 7 moles de sulfato de cálcio. É uma fonte de fósforo que contém 16÷18% de $P O_{25}$. O teor de arsénio deve ser no máximo de 0,006%.

A ureia é um sal solúvel em água que contém cerca de 46% de azoto do s.u., utilizado sob a forma de solução por diluição com água numa quantidade de 10÷12 litros por 1 kg de substância.

O ácido ortofosfórico ($H_3 PO_4$) é utilizado como fonte de fósforo e para regular o pH das ameixas. Na indústria da levedura de panificação, é utilizado o $H_3 PO_4$ técnico, contendo um mínimo de 73% de H3PO4 e um máximo de 0,0001% de As.

O cloreto de potássio (KCl) é utilizado para corrigir as plumas de melaço em potássio. Deve conter pelo menos 57÷60% de KCl puro.

Factores de crescimento. Para se multiplicarem, as leveduras dependem da presença no meio de cultura de substâncias chamadas factores de crescimento.

A biotina intervém em muitas das reacções do metabolismo dos hidratos de carbono e do azoto e na biossíntese das proteínas (na carboxilação do ácido pirúvico, na síntese dos ácidos nucleicos, na formação das bases purinas e pirimidinas) e na síntese dos ácidos gordos. A célula de levedura não é capaz de sintetizar a biotina, mas a sua presença no ambiente está incondicionalmente ligada a uma produção rentável. As necessidades da levedura em biotina diminuem parcialmente com a presença no meio de aminoácidos dicarboxílicos (ácido aspártico e ácido glutâmico). A eficácia dos aminoácidos aumenta em condições de arejamento intenso.

Por exemplo, se forem necessários 200 ìg de biotina para 100 g de levedura com um arejamento deficiente do meio, que contém aminoácidos dicarboxílicos, então 50 ìg são suficientes em condições de arejamento intenso. A biotina encontra-se no melaço numa quantidade de cerca de 80 ìg/kg. Os ácidos gordos saturados e insaturados com uma cadeia de 16 e 18 átomos de carbono e os seus ésteres etílicos adicionados juntamente com o ácido aspártico são capazes de substituir a biotina no crescimento da levedura de padeiro em condições aeróbias.

O ácido pantoténico influencia o metabolismo das leveduras, tanto em condições aeróbias como anaeróbias. Participa na transferência do grupo acilo, como componente da coenzima A, no metabolismo dos hidratos de carbono e dos ácidos gordos. A vitamina

B3 é um dos mais importantes estimuladores do crescimento das leveduras e da atividade fermentativa. Encontra-se no melaço em quantidades suficientes (50 ppm).

O inositol estimula o crescimento das leveduras e a sua carência provoca um enfraquecimento do metabolismo da glucose, tanto em condições aeróbias como anaeróbias. O inositol, especialmente ligado aos lípidos, actua como um componente estrutural. A atividade da fosfofrutoquinase é afetada pela deficiência de inositol [1].

A tiamina catalisa a descarboxilação de ácidos α-cetónicos, como o ácido pirúvico e o ácido α-cetoglutárico, e tem um papel fundamental no metabolismo aeróbico dos hidratos de carbono. O derivado da tiamina, o tiamino-pirofosfato, é um cofator de numerosas enzimas que catalisam processos de descarboxilação: piruvato descarboxilase, piruvato desidrogenase. A célula de levedura é capaz de sintetizar tiamina na presença de ATP e iões de magnésio, no entanto, a adição de tiamina ao meio estimula adicionalmente o crescimento da cultura. A tiamina é termoestável, resistindo à esterilização ambiental.

A piridoxina participa na descarboxilação, desaminação e transaminação dos aminoácidos absorvidos e o ácido paraaminobenzóico na fixação dos polipéptidos.

A riboflavina é sintetizada por todas as leveduras. Os derivados da riboflavina, como o flavina adenina dinucleótido (FAD), o flavina mononucleótido (FMN) e outros, são cofactores de muitas oxidoredutases e desempenham um papel importante nas reacções redox. A riboflavina é termoestável. Quando as células de levedura de panificação são transferidas de condições de cultura anaeróbias para condições aeróbias, durante a propagação industrial, o teor de riboflavina aumenta, e o aumento é máximo na fase de crescimento semi-aeróbico.

Produtos bioestimulantes. Extrato de milho. O extrato de milho obtido através da concentração da água de demolha do milho e da obtenção de amido pode ser uma fonte de microelementos e de vitaminas do grupo B.

O extrato contém aminoácidos com o papel de bioestimuladores e vitaminas, das quais a biotina está presente em quantidades apreciáveis (150÷200 mg/100 g). O extrato de milho utilizado no fabrico de levedura de padeiro, com um consumo de 60 kg/t de melaço, pode aumentar a produtividade em 4÷6%, em contrapartida, tem o inconveniente de ser um produto deficiente e é utilizado principalmente na indústria de antibióticos. Verifica-se também que as proteínas do extrato podem ligar a biotina numa forma inacessível à célula de levedura.

O extrato aquoso de raízes de malte. Obtendo extractos 1:10 e mantendo-os durante 2 horas a 50^0 C e filtrando-os, o filtrado pode conter 1,9% de hidratos de carbono/s.u. e 2,3% de azoto solúvel/s.u. Concentrando-os a 50% de matéria seca, podem ser conservados. As raízes de malte contêm vitaminas do grupo B, vitamina E, provitaminas A e D, biotina e aminoácidos com um papel bioestimulante

Germes de cereais (trigo e milho). Os germes de cereais são subprodutos resultantes do processo de moagem, numa proporção que pode ir até 10% do peso dos cereais transformados.

Os germes de cereais contêm, para além de lípidos, proteínas, numerosas substâncias que cumprem o papel de factores de crescimento para as leveduras (vitaminas e aminoácidos) e, nas cinzas, contêm microelementos com o papel de activadores de enzimas celulares que participam no metabolismo fermentativo/oxidativo das leveduras. Os gérmenes de trigo são também utilizados como fonte de vitamina E. A principal utilização dos gérmenes de milho é a extração de óleo, que tem um elevado teor de ácido linoleico e, por conseguinte, propriedades dietéticas.

Os germes de milho caracterizam-se também por um conteúdo particularmente valioso em substâncias minerais, com o papel de bioestimuladores.

III.1.4. Ácido sulfúrico

O ácido sulfúrico é utilizado para corrigir o pH dos meios de cultura. Tem uma concentração de cerca de 96÷98% de substância pura. Utiliza-se o ácido sulfúrico obtido pelo processo de contacto, que contém uma pequena quantidade de arsénio, no máximo 10 mg/kg. 10 mg/kg. Dado que a diluição do ácido sulfúrico gera uma grande quantidade de calor, é proibido deitar água no ácido, mas sim, gradualmente, o ácido na água, mexendo sempre.

III.1.5. Substâncias antiespumantes

Durante a produção de álcool e especialmente de levedura de panificação e forragem, formam-se grandes quantidades de espuma devido aos colóides do melaço que se dispõem na superfície das bolhas de ar que borbulham no ambiente, estabilizando a espuma formada. Quanto mais rico em substâncias coloidais for o melaço e, portanto, insuficientemente clarificado, maior será a quantidade de espuma formada.

As substâncias antiespumantes são utilizadas para evitar a formação de espuma ou para destruir a espuma já formada. O ácido oleico, o óleo de silicone, o octadecanol, o polipropilenoglicol, os hidrocarbonetos parafínicos, etc., são utilizados como antiespumantes.

As substâncias antiespumantes utilizadas devem ser inofensivas para a levedura ou mesmo assimiláveis, não devem provocar a contaminação das máquinas e das condutas tecnológicas e não devem influenciar negativamente o aspeto, o sabor e o cheiro da levedura de panificação.

III.1.6. Substâncias anti-sépticas e desinfectantes

Tanto na produção de álcool como de leveduras, utiliza-se uma série de substâncias com ação anti-séptica ou desinfetante.

As substâncias anti-sépticas são utilizadas para combater os microrganismos contaminantes durante a fermentação das placas, em doses bem estabelecidas, nas quais a atividade fermentativa da levedura não é influenciada negativamente.

Entre os anti-sépticos mais frequentemente utilizados estão o ácido sulfúrico, a formalina e o pentaclorofenolato de sódio. Ao adicionar ácido sulfúrico às placas de levedura, cria-se uma acidez elevada que inibe o desenvolvimento de bactérias contaminantes, enquanto a atividade da levedura é pouco influenciada. Ao tratar o leite de levedura com ácido sulfúrico a um pH baixo de 2,0÷2,4, a levedura é também purificada para ser inoculada.

A formalina é utilizada como antissético, especialmente na fermentação de polpa de cereais e batatas, sendo utilizada em doses de 0,015÷0,02% em relação à polpa [2-4].

O pentaclorofenolato de sódio é utilizado como antissético durante a fermentação do melaço em quantidades de 60÷90 g/tonelada de melaço, sob a forma de uma solução alcoólica com uma concentração de 12÷17% de substância pura. A adição de pentaclorofenolato de sódio permite fermentar o melaço de ameixa sem esterilização térmica. Não se recomenda a utilização deste antissético quando se pretende produzir levedura forrageira a partir do chorume obtido na produção de álcool de melaço, porque o antissético acumula-se na levedura e é nocivo para os animais e as aves.

As substâncias desinfectantes mais frequentemente utilizadas para combater a contaminação da microflora no fabrico de álcool e de leveduras são: formalina, cloreto de cal, leite de cal, soda cáustica e carbonato de sódio.

A formalina é utilizada como desinfetante em soluções com uma concentração de 3÷5% de aldeído fórmico e mesmo até 10% para a desinfeção de tubagens e equipamento tecnológico. Sendo uma substância volátil, a sua eficácia é aumentada pela introdução de vapor após o tratamento com formalina.

O cloreto de cal é utilizado sob a forma de uma suspensão em água com uma concentração de 1-3%, com a qual se polvilham as superfícies das máquinas e das salas tecnológicas. As outras substâncias são utilizadas em concentrações semelhantes de 1,5÷5%.

III.1.7. Outras matérias auxiliares

Substâncias químicas utilizadas para aumentar o tempo de conservação das leveduras:

Ácido lático concentrado (90%), obtido por síntese industrial. Na indústria alimentar, é utilizado como agente acidificante para obter sumos, essências e produtos de pastelaria, para conservar carne, peixe, legumes e azeitonas verdes, para corrigir o pH dos sumos nas tecnologias de fermentação.

O ácido ascórbico, agente redutor utilizado na panificação, para melhorar a elasticidade e a resistência da massa nas condições de utilização de farinhas fracas. É também utilizado como antioxidante para a obtenção de conservas de frutas e legumes, sumos de frutas e néctares, em doses variáveis que atingem até 1000 mg/kg de produto conservado.

Ácido acético concentrado (96%), obtido por destilação de madeira, bem como por síntese a partir de acetileno, por meio de aldeído acético. A indústria alimentar consome grandes quantidades de ácido acético, como conservante e condimento, sendo a dose máxima permitida de 40 g/kg de alimentos enlatados (conservação de legumes, preparação de molhos para saladas, molhos, maionese, peixe marinado semi-enlatado, salame seco com acidez superior).

Ácido fórmico. A adição de uma pequena quantidade de ácido fórmico e de formiato de sódio leva à aceleração da respiração aeróbica e da fermentação anaeróbica da levedura de padeiro e de cerveja. É também utilizado como anti-sético para a conservação de sumos de fruta, sendo permitido em concentrações de 0,25%, para a conservação de ovas de peixe em concentrações de 1000 mg/kg e para a desinfeção de recipientes na indústria vinícola.

A água oxigenada é utilizada como desinfetante (solução de 3% em água). Numa concentração de 30% em água, chama-se peridrol.

O benzoato de sódio é utilizado como conservante no fabrico de maionese, margarina, conservas de legumes e frutas em doses até 1000 mg/kg. O produto alimentar deve conter pelo menos 99,5% de C H_7^5 NaO_2 .

Bissulfito de sódio, utilizado na indústria alimentar no fabrico de batatas fritas congeladas (50 mg/kg), sumos de fruta concentrados (500 mg/kg).

Cloreto de amónio

Cloreto de magnésio

O iodato de potássio é utilizado na indústria de panificação como agente oxidante (0,0075 partes em peso de KIO_3 por 100 partes em peso de farinha). É solúvel em água e insolúvel em álcool [10].

III.2. UTILIDADE

III.2.1. Água

É utilizada em grandes quantidades como água tecnológica para diluir o melaço e o ácido sulfúrico, dissolver os nutrientes e lavar a biomassa de leveduras, lavar as máquinas e como água de arrefecimento para a fermentação e multiplicação das leveduras.

A água tecnológica deve satisfazer as condições da água potável. A água utilizada em operações sem transferência de calor, especialmente para lavagem, sem tratamento com desinfectantes, deve ter um elevado grau de pureza microbiológica. O elevado teor de sais na água influencia negativamente o crescimento de leveduras.

Na indústria do álcool, a concentração de impurezas na água e as suas propriedades influenciam decisivamente o processo tecnológico de produção de álcool. A água utilizada na produção de levedura de padeiro não deve conter amoníaco, sulfureto de hidrogénio, o teor de óxido de cálcio e de óxido de magnésio não deve exceder $180 \div 200$ mg/l e o teor de substâncias orgânicas deve ser inferior a $40 \div 50$ mg/l . A água é também sujeita a um controlo microbiológico para determinar o teor de germes prejudiciais à fermentação: bactérias lácticas, leveduras selvagens, bactérias coliformes, etc. Quanto à água de arrefecimento, que ocupa uma parte muito importante do consumo de água nas fábricas de álcool e de leveduras, não deve satisfazer as condições de água potável. No entanto, é necessário que tenha uma temperatura e dureza tão baixas quanto possível. Quanto mais baixa for a temperatura da água de arrefecimento, menor será o consumo de água. A água com elevada dureza deposita pedras nas superfícies de permuta de calor, reduzindo assim o coeficiente de transferência de calor, o que exige um aumento do caudal de água.

III.2.2. Ar tecnológico

Nas fábricas de álcool e de levedura, o ar é utilizado principalmente para assegurar as necessidades de oxigénio da levedura durante a fermentação do melaço de ameixa ou a multiplicação da levedura de padeiro ou da levedura forrageira.

O ar comprimido é também utilizado para arejar as pilhas durante a germinação da cevada para álcool e para o transporte pneumático do milho, da cevada e do ácido sulfúrico.

Os compressores, os sopradores de ar e os turbo-sopradores são utilizados para obter ar comprimido. Devem ser dimensionados de modo a poderem cobrir as necessidades de ar durante as horas de maior consumo. O ar é aspirado de zonas com ar mais limpo e passa primeiro por um filtro grosseiro, após o que é esterilizado passando por um filtro com algodão e óleo bactericida. Nos casos em que não é possível purificar toda a quantidade de ar, é necessário que pelo menos o ar utilizado na secção de cultura pura seja estéril [5-7].

IV. TECNOLOGIA DE FABRICO DE ÁLCOOL A PARTIR DE MELAÇOS

A obtenção de ameixas fermentadas a partir do melaço compreende três etapas principais:

- preparação do melaço para fermentação;

- preparação da levedura para a fermentação;

- fermentação das borras principais.

A receção do melaço consiste em verificar o peso do melaço inscrito no documento de transporte pela fábrica de açúcar fornecedora. A receção qualitativa tem por objetivo garantir o abastecimento da fábrica com melaços de boa qualidade.

As principais análises a que o melaço é sujeito na receção são as seguintes: aspeto, cheiro, consistência, cor, pH, teor de matéria seca, densidade, teor de açúcar total e açúcar invertido, acidez volátil, nitritos e número de microrganismos num grama de melaço.

A fim de regular o método de pagamento do melaço, foi estabelecido um nível de referência de teor de açúcar. Assim, o preço de uma tonelada de melaço é fixado para um teor de referência de 50% de sacarose. O melaço é armazenado em depósitos metálicos com uma capacidade entre 500 e 2000 toneladas. Na figura 4.1. é apresentado o esquema de uma instalação de descarga e armazenamento de melaço. O melaço no tanque 1 é aquecido com vapor diretamente através do tubo de vapor 2. Quando o melaço se torna suficientemente fluido, a válvula na ligação de drenagem 3 é aberta. Através do tubo 5, o melaço chega ao tanque de descarga 6, que se encontra abaixo do nível do solo. A bomba 7, que pode ser de rodas dentadas ou de pistão, absorve o melaço do tanque 6 e, através do tubo 8, empurra-o para o topo, no tanque de armazenamento 9. O melaço é retirado do tanque de armazenamento através do tubo 10 e, com a mesma bomba 7 é recirculado ou através da ligação 11 é bombeado para o tanque da fábrica.

No inverno, quando a viscosidade do melaço é elevada, para facilitar o seu escoamento do depósito de armazenagem, este é aquecido com vapor indireto, através da serpentina 12, montada junto ao orifício de escoamento.

O tanque de descarga tem uma capacidade de $35 \div 40$ m^3 , para assegurar o esvaziamento completo de dois tanques de melaço. No início da campanha, antes de introduzir o melaço, o tanque deve ser lavado e desinfectado. Durante todo o período de armazenamento do melaço, a tampa 13 da parte superior do tanque deve estar fechada, de modo a não permitir que a água da precipitação penetre no melaço.

Para medir o volume de melaço, a cuba de armazenagem está equipada com uma régua graduada 14, montada verticalmente no exterior. Sobre ela desliza um cursor indicador 15, que está ligado por um cabo multifilar à boia 16. A régua graduada é marcada em centímetros, partindo da parte superior em direção à base do reservatório. Quando o reservatório está cheio, o cursor 15 encontra-se no fundo do reservatório. Para aumentar a fluidez do melaço, utiliza-se vapor, tanto para a descarga das cisternas como para o abastecimento da fábrica com melaço proveniente das cisternas de armazenagem. De meio em meio metro, ao longo de toda a altura, o tanque de armazenamento é provido de torneiras para recolha de amostras de melaço, amostras essas que são recolhidas de década em década. A intensidade com que estes processos ocorrem depende, por um lado, do grau de contaminação microbiana e da composição do melaço e, por outro, das condições de armazenamento.

Em caso de armazenamento prolongado de melaço, devido aos processos bioquímicos que ocorrem, verificam-se os seguintes fenómenos:

- diminuição do teor de matéria seca e da quantidade de açúcar no melaço;

- aumento da acidez e da quantidade de açúcar invertido.

Estes fenómenos são inerentes, mesmo no caso do melaço normal, que quando armazenado em condições adequadas, após um período de três meses, perde cerca de 0,5% da massa inicial.

Para evitar perdas anormais, durante a armazenagem do melaço, devem ser respeitadas as seguintes condições de armazenagem

- só deve ser introduzido no reservatório de armazenagem melaço de qualidade adequada;

- o melaço deve ser armazenado em depósitos fechados, limpos e desinfectados;

- é necessário evitar diluir o melaço com água da precipitação, porque a uma concentração baixa na substância seca (abaixo de 700Bx) começam os fenómenos de fermentação;

- durante os meses de temperatura elevada, a temperatura no tanque deve ser monitorizada, para que não ultrapasse os 40^0 C;

- o laboratório da fábrica deve efetuar o controlo da temperatura, o controlo físico-químico e o controlo microbiológico mensal do melaço em cada década.

Armazenamento do melaço. O melaço é armazenado em tanques metálicos com uma capacidade entre 500 e 2000 toneladas.

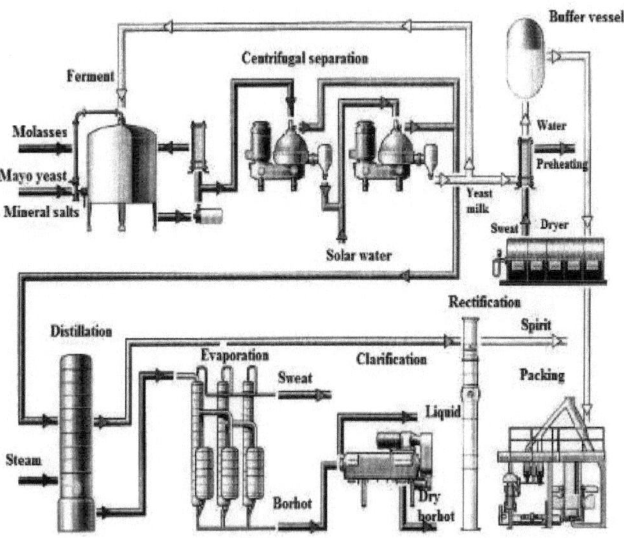

Fig. 4.1. Esquema da linha tecnológica de obtenção de álcool a partir do melaço

IV.1. PREPARAÇÃO DO MELAÇO PARA FERMENTAÇÃO

A preparação do melaço para a fermentação inclui as seguintes operações necessárias para a transformação do melaço num meio fermentável pelas leveduras:

- diluição;

- neutralização e acidificação;

- adicionar nutrientes;

- clarificação do melaço.

IV.1.1. Diluição do melaço

O melaço, enquanto tal, é muito viscoso e tem um elevado teor de açúcar. Nestas condições, as leveduras não conseguem transformar o açúcar em álcool e dióxido de carbono. Para obter a concentração ideal de açúcar para as leveduras e para aumentar a fluidez do melaço, este é diluído com água potável.

Normalmente, as fábricas de álcool de melaço funcionam com duas torneiras:

- 12÷160Bllg de caldo de pré-fermentação;

- caldo de fermentação de 30÷340Bllg.

Na prática industrial, o grau de diluição do melaço é determinado com o sacarómetro de Balling. A diluição de 600 kg de melaço até às concentrações necessárias para a pré-fermentação e a fermentação pode também ser efectuada com a ajuda de tubos de diluição montados nos tubos de melaço, que consistem num tubo com diafragmas no qual o melaço entra numa extremidade e a água e, eventualmente, os nutrientes na outra extremidade. Ao ajustar o fluxo de abastecimento com melaço e água, a concentração desejada do melaço diluído pode ser alcançada, e pela disposição excêntrica das aberturas dos diafragmas, a homogeneização com água é assegurada [8].

IV.1.2. Neutralização e acidificação dos melaços

Devido à reação ligeiramente alcalina do melaço, é necessário neutralizá-lo e acidificá-lo até ao pH de fermentação de 4,5÷5, por vezes mesmo a um pH inferior.

Esta operação é efectuada na prática por adição de ácido sulfúrico, da seguinte forma:

- um pH ótimo para a atividade da levedura;

- o excesso de ácido sulfúrico contribui para a clarificação do melaço, determinando a deposição de suspensões finas;

- o ácido sulfúrico tem um papel antissético, uma vez que as leveduras são resistentes a pHs baixos, aos quais os outros microrganismos não resistem;

- O ácido sulfúrico decompõe os nitritos e os sulfitos, que são substâncias inibidoras das leveduras. O consumo total de ácido sulfúrico para a neutralização e acidulação é de 2÷7 litros de ácido sulfúrico concentrado por tonelada de melaço.

A utilização de anti-sépticos durante a fermentação pode reduzir a quantidade de ácido sulfúrico, que é corrosivo e difícil de manusear.

IV.1.3. Adição de nutrientes

Para compensar o défice de azoto assimilável no melaço, podem utilizar-se sulfato de amónio, adubo complexo, amoníaco ou ureia, que são adicionados numa proporção de cerca de 0,1% de azoto em relação ao melaço. A necessidade de fósforo pode ser assegurada pela adição de superfosfato de cálcio ou de um fertilizante complexo numa dose de cerca de 0,2% de $P O_{25}$ em relação ao melaço.

Em alguns casos, o Mg é também adicionado sob a forma de sulfato de magnésio numa proporção de $0,2 \div 0,8\%$ de $MgSO_4$ em relação ao melaço.

As substâncias nutritivas são adicionadas sob agitação como solução límpida obtida por dissolução ou sedimentação, apenas no melaço para a pré-fermentação no recipiente 4, sendo calculadas em relação à quantidade total de melaço utilizada no processo tecnológico.

IV.1.4. Clarificação e esterilização do melaço

O melaço acidificado enriquecido em nutrientes é ainda submetido à operação de clarificação, depositando os colóides que foram levados ao ponto isoelétrico e precipitados pela adição de ácido sulfúrico.

Assim, os iões de hidrogénio do ácido sulfúrico neutralizam as cargas positivas dos colóides, favorecendo o processo de clarificação.

A limpeza do melaço com ácidos pode ser efectuada por dois processos:

- o processo a frio;

- o processo a quente.

O processo de clarificação a frio é utilizado para o melaço de composição normal e procede do seguinte modo: o melaço acidificado e corrigido com nutrientes, diluído a $12 \div 160Bllg$ no recipiente 5, é deixado a clarificar por sedimentação das suspensões e dos colóides precipitados durante 12÷20 horas a frio, decantando o melaço límpido de cima, que é transferido para a pré-fermentação.

A clarificação a quente do melaço é o método de clarificação mais difundido, uma vez que consegue simultaneamente um efeito de pasteurização do melaço, bem como a remoção de algumas substâncias nocivas para a levedura.

Para este efeito, o melaço diluído no pote 5 é aquecido até à ebulição por borbulhamento de vapor, após o que é deixado a clarificar durante 8÷12 horas a temperaturas de 70÷90⁰ C. Para clarificar o melaço, podem também ser utilizados os procedimentos de colagem por adição de bentonite, por exemplo

O melaço fortemente contaminado é esterilizado durante uma hora por ebulição com uma maior adição de ácido sulfúrico e agitação. Para a oxidação dos nitritos e sulfitos, pode ser adicionado cloreto de cal na quantidade de 0,6÷0,9 cloro ativo/tonelada de melaço.

Os separadores centrífugos também podem ser utilizados para clarificar o melaço, obtendo-se uma produtividade muito maior, espaço reduzido e fácil manutenção. No entanto, não podem substituir o método de clarificação num ambiente ácido quente, especialmente no caso de melaço defeituoso.

A quantidade de sedimentos resultantes da clarificação do melaço normal é de 0,3÷0,5%. A clarificação do melaço para a preparação das leveduras e para a pré-fermentação é absolutamente necessária, porque as suspensões finas depositam-se na membrana celular das leveduras, impedindo a penetração do açúcar e de outros nutrientes na célula, onde se efectua a fermentação.

IV.2. PREPARAÇÃO DE LEVEDURAS PARA A FERMENTAÇÃO DE AMEIXAS MELAÇADAS

No fabrico de álcool a partir de diferentes matérias-primas, o principal objetivo perseguido é a obtenção de rendimentos mais elevados em álcool. Entre os factores de que dependem a qualidade do álcool e o rendimento em álcool, juntamente com a qualidade da matéria-prima, a escolha e a observância do processo tecnológico mais adequado, desempenha um papel especial a levedura utilizada na fermentação das uvas. Para a fermentação em condições industriais, são utilizadas estirpes das espécies *Saccharomyces cerevisiae, Saccharomyces carlsbergensis, Schizosaccharomyces pombe* e *Kluyveromyces sp.* Os critérios para a caraterização e seleção de leveduras para a produção de álcool são os seguintes

- capacidade de fermentação;

- velocidade de fermentação;

- tolerância ao álcool;

- osmotolerância;

- a capacidade de formar produtos de fermentação secundários;

- resistência aos conservantes;

- resistência aos produtos desenvolvidos pelo microbiota contaminante.

Para obter rendimentos mais elevados, foi necessário obter mutantes através da utilização de agentes químicos. Estas estirpes contêm ADN mitocondrial modificado e a produção de enzimas necessárias para o metabolismo aeróbico é inibida.

Na indústria do álcool, tal como na indústria da cerveja, trabalhamos com culturas de leveduras puras, obtidas a partir de uma única célula de levedura, que se multiplica em condições estéreis em três fases:

- fase laboratorial;

- a fase da secção de culturas puras;

- pré-fermentação do melaço, obtendo-se finalmente uma quantidade suficiente de escuma de levedura necessária para semear a escuma principal.

A atividade fermentativa da levedura é influenciada, durante a multiplicação na fábrica, pelos seguintes factores:

- a composição da levedura, que deve garantir as substâncias nutritivas necessárias à levedura (hidratos de carbono, aminoácidos, substâncias minerais, vitaminas);

- a composição da pasta;

- a temperatura. A temperatura ideal é de $30 \div 35^0$ C, mas na prática a fermentação é efectuada a temperaturas inferiores a $28 \div 30^0$ C, devido ao perigo de contaminação com microrganismos estranhos;

- o pH do vinho - o pH ótimo para a atividade das leveduras situa-se entre 4,5 e 5,5;

- o álcool acumulado no plasma numa quantidade superior a $4 \div 5\%$ retarda a multiplicação da levedura, enquanto a atividade fermentativa da levedura pode ter lugar até concentrações elevadas de álcool de 15%, ou mesmo mais, dependendo da levedura utilizada;

- os microrganismos contaminantes são nocivos tanto pelo consumo de açúcar, pelo seu próprio metabolismo, determinando assim a diminuição do rendimento em álcool, como pelos produtos de metabolismo tóxicos para a levedura que formam.

IV.2.1. Multiplicação de leveduras no laboratório

O objetivo é obter em laboratório culturas celulares tão homogéneas quanto possível, em termos de metabolismo, rendimento, velocidade de reprodução, capacidade de reprodução e qualidade do produto acabado. A multiplicação das culturas é efectuada de forma progressiva, sendo as primeiras fases realizadas no laboratório e depois na estação de cultura pura do produtor de levedura de panificação.

A pureza é mantida através do isolamento de células individuais de culturas que se comportaram bem, a partir de amostras retiradas da última fase de multiplicação. Dependendo do meio nutritivo, são utilizados métodos de substrato líquido (Lindner e Hansen) e métodos de substrato sólido (Koch e Hansen) para o isolamento de células.

Após o isolamento, a pureza das culturas isoladas é verificada, visualmente com a ajuda de um microscópio e por sementeira na superfície do meio nutriente, solidificado em placas de Petri. Através do controlo visual do tubo de ensaio, é possível observar a uniformidade do crescimento e a presença dos indicadores morfológicos característicos das espécies isoladas. Através do controlo microscópico, é possível observar a forma das células e a ausência de microrganismos contaminantes nas preparações húmidas.

Antes de ser introduzida no fabrico, a cultura pura de laboratório é também analisada do ponto de vista do aspeto, o número de células mortas, para se ter a certeza de que é adequada. A levedura pura deve assentar numa camada compacta no fundo do recipiente; quando a levedura se espalha na massa do líquido e se aglomera em flocos visíveis, isso indica que o meio de cultura foi contaminado. As células de levedura mortas são identificadas através do método de coloração com solução de azul de metileno.

IV.2.2. Multiplicação de leveduras na secção de cultura pura

A fim de acumular a quantidade de levedura necessária para a pré-fermentação e a fermentação do melaço, a cultura pura de laboratório é posteriormente multiplicada na secção de cultura pura da fábrica em recipientes especiais de multiplicação. Nas fábricas de álcool de melaço, a multiplicação da levedura é efectuada em duas fases.

O recipiente para a fase I é cilíndrico, feito de cobre ou de aço inoxidável e tem uma capacidade de 100 litros. A tampa 1, que é fixada com parafusos 2 ao corpo cilíndrico do recipiente, é amovível para permitir a limpeza e a lavagem do seu interior.

Na tampa existe uma ligação 3 para a introdução de água quente a partir do tubo 4, ou de água fria a partir do tubo 5. O melaço diluído é introduzido através da ligação 6, e o ar através da ligação 7, munida de um filtro de ar 8.

A cultura de levedura pura de laboratório é introduzida através da ligação 9, que é fechada com uma tampa de rosca. O recipiente é arrefecido pela serpentina externa 10, perfurada, estando os orifícios orientados para as paredes do recipiente.

A água de arrefecimento é recolhida pela calha 11 e removida para o canal ou recuperada através da ligação 12. O ar é distribuído no meio dentro do recipiente através do tubo perfurado 13. O vapor para esterilizar o recipiente ou o meio é introduzido na base do recipiente através da ligação 14, que tem ligação com a ligação 15, através da qual o recipiente é esvaziado.

O dióxido de carbono formado durante a fermentação é removido através do tubo 16, que entra num recipiente com água 17. A temperatura no interior do recipiente é monitorizada com um termómetro inserido no tubo 18. O nível de chumbo no recipiente é monitorizado através do visor 19. As amostras de chumbo são recolhidas através da válvula 20.

Em função da capacidade da fábrica de álcool, pode haver dois ou três recipientes na primeira fase de multiplicação.

Os recipientes da segunda fase de multiplicação são de construção semelhante, mas têm uma capacidade 10 vezes superior (1000 litros) e estão também equipados com uma ligação para a introdução das leveduras da primeira fase e uma serpentina interna para arrefecer o recipiente. O número de recipientes de multiplicação de leveduras na segunda fase deve ser idêntico ao dos recipientes da primeira fase.

IV.2.3. Preferência pelas ameixas de melaço

Para obter uma grande quantidade de levedura, a fim de semear o molde principal do melaço, é necessário que a levedura continue a multiplicar-se até atingir uma quantidade de molde de levedura que represente 35÷50% do molde principal. Como nesta última fase de multiplicação da levedura, uma quantidade significativa de açúcar é transformada em álcool etílico, chama-se pré-fermentação.

A preferência pelas ameixas de melaço pode ser feita de duas maneiras:

- pré-fermentação descontínua;

- preferência contínua.

A instalação é constituída por dois ou três recipientes metálicos cilíndricos ou paralelepipédicos, dotados de ligações de entrada para o melaço tratado, a água de arrefecimento, o ar, o vapor e as lamas de levedura da fase anterior e de tubos de escape para as lamas pré-tratadas e o dióxido de carbono libertado.

Antes da utilização, os recipientes de pré-fermentação são limpos, lavados, desinfectados e esterilizados com vapor. Depois de os recipientes terem arrefecido até $30÷32^0$ C, a escuma de levedura da fase II da estação de multiplicação de cultura pura é trazida para a fábrica.

A fermentação descontínua é efectuada através da introdução de 120Bllg de melaço em várias porções, decorrendo o processo de fermentação sob arejamento moderado para estimular a atividade das leveduras. Enche-se primeiro com melaço de 120Bllg cerca de 25% do volume útil do recipiente e faz-se uma pré-fermentação a 28÷300C até o extrato aparente do melaço atingir cerca de 70Bllg. Neste momento, adiciona-se uma nova quantidade de melaço, até atingir 50% do volume útil do recipiente, esperando que o extrato diminua novamente para 70Bllg. Da mesma forma, uma nova porção de melaço é adicionada até 75% da capacidade e depois até que o recipiente de pré-fermentação esteja cheio.

Quando o extrato aparente tiver baixado para 70 Bllg, transfere-se ½ do conteúdo do primeiro recipiente de pré-fermentação para o segundo recipiente e continua-se a fornecer melaço em porções a ambos os recipientes até que estejam cheios de escória e o extrato aparente tenha baixado para cerca de 70 Bllg. O conteúdo de um dos recipientes é transferido para um tanque de fermentação, e as borras do outro pré-fermentador são novamente divididas em duas partes iguais e o ciclo de pré-fermentação é retomado.

A pré-fermentação contínua é realizada de forma semelhante, com a diferença de que, após a introdução da pasta de levedura no primeiro recipiente de pré-fermentação, a pasta de melaço de 120 Bllg é continuamente introduzida, sendo o caudal ajustado de modo a que durante a pré-fermentação seja obtido um extrato aparente de 7,5÷80 Bllg e uma temperatura de 28÷300C. Quando o primeiro recipiente estiver cheio, interrompe-se o fornecimento de soda cáustica, deixa-se o extrato baixar para 6,5÷70Bllg e iguala-se o conteúdo com o segundo prefermentador. Ambos os pré-fermentadores continuam a ser alimentados com piche e, depois de cheios, o piche de levedura do primeiro pré-fermentador é passado para um tanque de fermentação e o do recipiente 2 é igualado ao do recipiente 1.

O ciclo de pré-fermentação de um recipiente é de cerca de 4 horas, após a pré-fermentação, é produzida uma grande quantidade de borras de levedura, que representa cerca de 40% do total de borras. Durante a pré-fermentação, a concentração da levedura, a acidez e o aspeto da levedura são monitorizados através de controlo microbiológico.

IV.3. FERMENTAÇÃO DE AMEIXAS A PARTIR DE MELAÇOS

A fermentação é a operação tecnológica através da qual a sacarose do melaço é transformada por leveduras em álcool e dióxido de carbono como produtos principais.

Para a fermentação do melaço são utilizados processos contínuos e descontínuos.

A fermentação descontínua do melaço é efectuada em tanques de fermentação, geralmente arrefecidos por pulverização externa.

O melaço para fermentação sofre apenas uma diluição a 30÷34oBllg, sem ser acidificado, corrigido com nutrientes e esterilizado termicamente.

Na cuba de fermentação, introduz-se primeiro a escuma de levedura de um pré-fermentador, sobre a qual se adiciona gradualmente o melaço diluído.

Em função do método de alimentação com melaço, distinguimos, tal como no caso da fermentação prévia, dois processos de fermentação descontínua:

- o processo com alimentação periódica;

- o processo com alimentação contínua.

IV.3.1. Processo de fermentação com alimentação periódica

Após a introdução da cultura de levedura do pré-fermentador no recipiente de fermentação, o melaço diluído a cerca de 300 Bllg é adicionado em três etapas. Em cada adição, a quantidade de melaço deve ser doseada de modo a que a massa no pote, após homogeneização com ar, tenha 7,5÷80Bllg.

Quando a concentração do plasma atinge 6÷6,50Bllg, inicia-se a alimentação com uma nova porção de plasma. Após a primeira e a segunda alimentação, o ar é insuflado na cuba de fermentação durante 60 minutos para homogeneizar o mosto. Após a última alimentação, que é efectuada 6÷8 horas antes de o vinho ir para a destilação, o ar é insuflado durante 15÷20 minutos. Não ultrapassar este tempo de arejamento do vinho, para evitar a perda de álcool por arrastamento com o ar.

Dependendo da qualidade do melaço e da levedura utilizados, bem como da forma como o processo tecnológico é conduzido, desde a última alimentação quando o recipiente é enchido até ao volume útil, a fermentação dura 20÷28 horas.

Durante a fermentação, a temperatura do mosto deve ser mantida entre 28 e 30^0 C, utilizando o sistema de arrefecimento da cuba sempre que a temperatura tenda a subir acima dos 30^0 C.

Pelo menos de 4 em 4 horas, é feita uma verificação da evolução da concentração (0Bllg), da temperatura, da acidez e do controlo microscópico, devendo os resultados ser inscritos no registo de fabrico do serviço.

A fermentação do melaço termina quando a concentração do meio desce para 5,6÷6,50Bllg. Neste momento, o melaço fermentado do recipiente é transferido para um recipiente de recolha, do qual passa para a destilação para extrair o álcool.

IV.3.2. Processos de fermentação contínua

Como resultado da investigação efectuada a nível mundial e no nosso país, foram desenvolvidos processos contínuos de fermentação de ameixas melaçadas.

A resolução do problema da fermentação contínua está intimamente relacionada com a luta contra a contaminação, que pode ser efectuada através da adição de anti-sépticos em doses inibidoras para os microrganismos contaminantes, mas suportadas pelas leveduras.

Entre os anti-sépticos testados, os melhores resultados foram obtidos com a utilização de pentaclorofenolato de sódio em quantidades de 60÷90 g/tonelada de melaço. O antissético é adicionado sob a forma de uma solução alcoólica com uma concentração na substância ativa de 12÷17%, geralmente em melaço diluído a 600Bllg. A sua utilização permite efetuar a fermentação contínua do melaço sem esterilização pelo calor, desde que a levedura seja previamente adaptada com o antissético.

Os processos de fermentação contínua do melaço podem ser divididos em dois grupos:

- processos sem reutilização de leveduras;

- procedimentos de separação e reutilização da levedura.

IV.3.2.1. Proceder sem reutilizar a levedura

Entre os processos de fermentação contínua de melaço sem a reutilização de leveduras, são conhecidos os seguintes:

- o procedimento com duas placas e duas concentrações diferentes, nomeadamente:

. para a pré-fermentação 12÷160Bllg;

. durante a fermentação 30÷340Bllg;

- o procedimento com uma placa e uma concentração de 230Bllg;

- o procedimento com dois pulmões e uma única concentração de 230Bllg.

O processo com dois melaços e duas concentrações é caracterizado pela utilização de um melaço de melaço para a pré-fermentação com uma concentração mais baixa de 12÷160Bllg e um melaço de melaço concentrado para a fermentação de 30÷340Bllg. O antissético é adicionado na mesma dose a ambas as placas, enquanto o ácido sulfúrico e os nutrientes são adicionados apenas à placa de pré-fermentação.

Este processo tem a vantagem de, durante a pré-fermentação, poder ser utilizado separadamente um melaço de melhor qualidade e de serem asseguradas condições adequadas para a multiplicação da levedura, uma vez que os nutrientes só são adicionados à escuma para a pré-fermentação.

O processo de concentração única utiliza uma concentração única de melaço de 230 Bllg, tanto para a pré-fermentação como para a fermentação. Todo o melaço entrado na produção é diluído a 230Bllg, acidificado com ácido sulfúrico, são-lhe adicionados nutrientes e substâncias anti-sépticas, sendo depois transferido para a pré-fermentação e posteriormente para a fermentação.

A utilização de um único prato simplifica muito as operações tecnológicas, de modo que é possível efetuar uma automatização complexa da instalação de fermentação. Ao utilizar uma concentração mais elevada durante a pré-fermentação, obtém-se uma levedura com elevado poder alcoólico.

Uma vez que os nutrientes são adicionados a toda a quantidade de melaço, as condições para a multiplicação da levedura durante a pré-fermentação são menos favoráveis do que no caso do primeiro processo. Devido ao facto de se estar a trabalhar apenas com um melaço, não é possível que, ao processar melaços defeituosos, estes só devam ser introduzidos durante a fermentação, e o melaço normal deva ser utilizado durante a pré-fermentação.

O procedimento com dois tanques e uma concentração baseia-se no uso de dois tanques, um para a pré-fermentação e outro para a fermentação, que têm a mesma concentração de 230Bllg. O melaço é preparado separadamente, adicionando-se o ácido sulfúrico e os nutrientes apenas ao melaço para a pré-fermentação, enquanto o antissético é dosado igualmente nos dois melaços.

Entre os três procedimentos, este é o que apresenta mais vantagens, nomeadamente:

- a levedura multiplica-se durante a pré-fermentação em condições óptimas de concentração, de nutrientes e de acidez e apenas nas quantidades necessárias para uma boa fermentação;

- devido à maior concentração de álcool durante a pré-fermentação, a possibilidade de contaminação com leveduras atípicas é praticamente eliminada, mantendo a esterilidade do ambiente durante muito tempo;

- podem ser transformados melaços defeituosos, que são introduzidos apenas durante a fermentação.

A desvantagem do procedimento é o facto de as operações não serem tão simplificadas como no caso do procedimento com uma única placa.

IV.3.2.2. Proceder à separação e reutilização da levedura

A partir da investigação efectuada, verificou-se que nos pulmões a levedura se multiplica até uma concentração máxima de cerca de 750 milhões de células por 1 ml, após o que a multiplicação pára. Se este número de células por 1 ml for introduzido na levedura desde o início, o açúcar necessário para a multiplicação da levedura é poupado, resultando num aumento do rendimento em álcool até 64÷65 l de álcool absoluto/100 kg de sacarose de melaço.

A separação da levedura é efectuada a partir da última fase da fermentação com a ajuda de separadores centrífugos que concentram a levedura num volume que representa 7÷10% da massa fermentada. O leite de levedura obtido é tratado com ácido sulfúrico para purificação durante 1÷2 horas a pH 2,2÷2,4, após o que é novamente introduzido na pré-fermentação.

O excesso de leite de levedura resultante da separação pode ser seco e utilizado como levedura forrageira. Os processos contínuos de fermentação do melaço têm as seguintes vantagens:

- redução significativa do tempo de fermentação (até 12 horas);

- aumentar a produtividade do trabalho;

- reduzir e normalizar o consumo de serviços públicos;

- possibilidades de automatização da instalação.

IV.3.3. Controlo da fermentação das ameixas melaçadas

O objetivo deste controlo é supervisionar o progresso da fermentação, detetar algumas deficiências e as causas que as originaram, a fim de tomar as medidas de remoção adequadas.

Durante a fermentação, a temperatura, a concentração da levedura, a acidez, a concentração de álcool e o açúcar redutor são controlados. No início da fermentação, a temperatura é de $25÷27^0$ C ou mesmo superior, quando se encurta o tempo de fermentação, e a temperatura máxima de fermentação é de $31÷32^0$ C. O aquecimento da levedura a temperaturas superiores a 34^0 C é indesejável porque enfraquece a capacidade de fermentação da levedura.

Na prática industrial, a concentração das ameixas é determinada com a ajuda de sacarómetros de Balling. Em geral, ao utilizá-los para determinar a concentração de alguns líquidos, devem ser tidas em conta as seguintes regras

- o medidor de açúcar deve estar limpo, sem vestígios de gordura;

- a introdução do medidor de açúcar no líquido deve ser feita com cuidado e não deve tocar nos bordos do cilindro onde é determinada a concentração;

- o líquido não deve apresentar espuma ou bolhas de ar à superfície. Estas são eliminadas deitando quantidades adicionais de líquido na garrafa até que transbordem para os bordos.

A aeração é caraterística da fermentação das borras de melaço, especialmente durante a preparação da levedura e a pré-fermentação. Devido ao elevado teor de não-açúcar do melaço, o extrato aparente das ameixas fermentadas é muito superior ao das polpas de batata ou de cereais. Assim, para ameixas com uma concentração inicial de 20÷220Bllg, o extrato aparente da ameixa fermentada é de 6÷70Bllg, e para ameixas mais concentradas pode atingir 8÷90Bllg.

A concentração alcoólica do mosto fermentado é também determinada por destilação, que depende, nomeadamente, da concentração do mosto, bem como do teor de açúcar residual do mosto fermentado, para verificar se o mosto está corretamente fermentado. No caso de um aumento da acidez do fígado durante a fermentação, é igualmente necessário um controlo microscópico para detetar os microrganismos contaminantes.

Normalmente, a proporção de microrganismos atípicos em relação ao número de células de levedura não deve exceder 5% em leveduras fermentadas.

O controlo microscópico é efectuado pelo laboratório de microbiologia em todas as fases de fabrico, desde a matéria-prima até ao final do processo tecnológico. O papel do controlo microbiológico consiste em identificar os microrganismos contaminantes e a sua origem.

IV.3.4. Unidade de fermentação

A instalação de fermentação é composta por um número variável de recipientes para fermentação, bem como os seus anexos, o coletor de espuma e o lavador de dióxido de carbono.

O recipiente de fermentação é o equipamento tecnológico no qual a sacarose do melaço é transformada pelas leveduras em álcool e dióxido de carbono. O recipiente cilíndrico 1 está equipado com a ligação 2 para a introdução de leveduras de pré-fermentação, a ligação 3 para o fornecimento de melaço, o tubo 4 para a introdução de água de arrefecimento nas serpentinas internas 5, a ligação 6 para a remoção da água de arrefecimento. O ar necessário para arejar o mosto durante a fermentação é introduzido através da ligação 7 e do tubo perfurado 8. O vapor necessário para a esterilização do recipiente é introduzido através da ligação 9. Na tampa superior, o recipiente possui uma boca de inspeção 10 e, na parte inferior, uma boca de inspeção 11. A temperatura durante o processo de fermentação é controlada com a ajuda do termómetro inserido no tubo 12. O esvaziamento do recipiente de fermentação é efectuado através da ligação 13. O dióxido de carbono que se forma durante a fermentação é removido através da ligação 14.

Os materiais utilizados para a construção de cubas de fermentação são os seguintes: chapa de aço comum, chapa de aço inoxidável, chapa de alumínio e resinas sintéticas. As chapas de aço simples devem ser protegidas com verniz para evitar a corrosão. O aço inoxidável não necessita de revestimento, é facilmente lavado e desinfectado, pelo que os custos adicionais em relação ao aço comum são cobertos num curto espaço de tempo. O alumínio também não necessita de revestimento, uma vez que é resistente aos ácidos, formando uma camada protetora de óxido. No entanto, o alumínio não suporta soluções alcalinas e desinfectantes à base de cloro.

As cubas de fermentação podem ser cilíndricas (verticais ou horizontais) ou paralelepipédicas (cassete). Os linoleums paralelepipédicos permitem um bom aproveitamento do espaço na sala de fermentação, sendo cada vez mais comuns nas fábricas de álcool.

A capacidade das cubas de fermentação é de $10 \div 100$ m3. Para 1 hl de álcool refinado, é necessário um volume útil de linhagem de $12,5 \div 13$ hl ou um total de cerca de 16 hl. O volume de um tanque de fermentação (V) pode ser calculado com a fórmula:

$$V = \frac{1.15 \mathrm{x} V_p}{n} \qquad (4.1)$$

V_p - o volume de lamas produzido em 24 horas, em m^3 ;

n - o número de linhas que são carregadas em 24 horas;

1,15 - coeficiente que tem em conta o espaço livre do pavimento.

O coletor de espuma é inserido entre os recipientes de fermentação e o lavador de dióxido de carbono. A função deste dispositivo é apanhar e quebrar a espuma que se forma frequentemente durante a fermentação do melaço. Este dispositivo é constituído por um recipiente cilíndrico 1, na tampa do qual está montado um tubo de introdução de gás 2, que penetra até ao fundo do recipiente e um tubo de evacuação 3. O reservatório contém água 4, na superfície da qual é introduzida uma camada de óleo anti-espuma 5.

O dióxido de carbono, juntamente com a espuma, passa através do tubo 2 para a camada de água e óleo, onde a espuma é destruída, e o dióxido de carbono separado da espuma sai através do tubo 3, de onde vai para o purificador de dióxido de carbono. Se a espuma for em grande quantidade e não puder ser destruída, é introduzido vapor no dispositivo através do borbulhador 6, o que ajuda a quebrar a espuma. O aparelho está também equipado com uma ligação de entrada de água 7 e uma saída de águas residuais 8.

O purificador de dióxido de carbono tem a mesma construção e princípio de funcionamento que as colunas de destilação. O dióxido de carbono, que se liberta do fumo, transporta também o álcool sob a forma de vapores.

Para recuperar o álcool, o dióxido de carbono é direcionado, através da tubagem, para o lavador onde circula em contracorrente com a água. Realizando um contacto íntimo entre o gás e a água, o álcool é arrastado (dissolvido) pela água. Nas cubas de fermentação são introduzidas águas alcoólicas com um teor de cerca de 2,5% de álcool.

O dióxido de carbono juntamente com o vapor de álcool entra pela ligação 1, situada na parte inferior do aparelho e circula para cima na coluna em contracorrente com a água de lavagem introduzida pela ligação 2 situada na parte superior. A água cai do prato para o prato 3, absorvendo o álcool, dando origem a um líquido alcoólico que é descarregado através da ligação 4 localizada na parte inferior e é enviado para o líquido fermentado que vai para a destilação. Pela conexão 5, sai o gás carbónico lavado, que é passado por tubagens para o contador de gás ou para os consumidores da fábrica.

V. TECNOLOGIA DE FABRICO DE ÁLCOOL A PARTIR DE MATÉRIAS-PRIMAS DE AMIDO

O fabrico de álcool a partir de matérias-primas amiláceas pode ser efectuado por dois grupos de processos:

- com ebulição sob pressão da matéria-prima;

- sem ferver sob pressão.

Os processos clássicos de produção de álcool a partir de matérias-primas amiláceas baseiam-se na ebulição das matérias-primas sob pressão, com o objetivo de gelificar e solubilizar o amido para que este possa ser atacado pela amilase durante a sacarificação.

Estes procedimentos apresentam as seguintes desvantagens:

- o consumo de energia térmica é elevado;

- o modo de funcionamento é, em regra, descontínuo, e as possibilidades de recuperação de calor são reduzidas;

- Devido à elevada exigência térmica das matérias-primas $(150 \div 165^0$ C), formam-se melanoidinas e caramelo;

- as polpas obtidas não são homogéneas e a pasta resultante tem um valor de alimentação inferior.

A aplicação de processos de transformação sem pressão exige uma trituração óptima da matéria-prima, de modo a obter rendimentos máximos em álcool, com um consumo mínimo de energia. Uma trituração insuficiente da matéria-prima pode levar a perdas de álcool até 20 l/t de grão ou mesmo mais.

Antes de serem introduzidas no processo tecnológico, as matérias-primas amiláceas são submetidas a operações preparatórias auxiliares de transporte, lavagem, limpeza e, eventualmente, trituração.

V.1. PREPARAÇÃO DE BATATAS E CEREAIS

As batatas são preparadas através de uma lavagem com água para remover as impurezas aderentes (areia, terra, pedras, palha). Para o efeito, as batatas são retiradas do armazém através de canais de transporte hidráulicos e levadas para um elevador que alimenta a máquina de lavar batatas. Esta é dotada de dois ou três compartimentos através dos quais as batatas são transportadas com a ajuda de um eixo com pás. A lavagem é feita com água, que circula contra as batatas, e os corpos pesados passam pelo fundo perfurado da máquina e são recolhidos em compartimentos de onde são periodicamente evacuados.

As batatas lavadas são recolhidas por um elevador, que as eleva até à balança automática de batatas. Da balança, as batatas são passadas para uma tremonha que alimenta as caldeiras através da abertura de uma válvula.

Os processos de cozedura contínua e de sacarificação das batatas exigem a sua trituração prévia tão fina quanto possível, o que é feito com a ajuda de moinhos de martelos ou raladores de batatas.

A preparação dos cereais é efectuada por uma pré-limpeza com a ajuda de arejadores de vácuo e separadores magnéticos, através dos quais são removidas as impurezas contidas: palha, areia, palha, cascalho, corpos metálicos.

Os grãos são depois pesados e triturados. Na prática, são utilizados três grupos de processos para moer os grãos:

- trituração a seco;

- moagem húmida;

- moagem a seco e a húmido (em duas fases).

Os cereais assim preparados são colocados na chaleira, tendo em conta que também se adiciona água ao ferver os cereais.

V.2. COZEDURA DE MATÉRIAS-PRIMAS AMILÁCEAS

A operação de ebulição é necessária porque o amido natural contido nas matérias-primas amiláceas, cereais ou batatas, não pode ser atacado pelas amilases do malte, sem gelificação e solubilização prévias, o que é conseguido por ebulição sob pressão.

Da balança 1, a matéria-prima (cereais ou batatas) é transportada para o tanque de abastecimento 2. Através do tubo 3, a matéria-prima passa em queda livre para a caldeira 4, onde é introduzida água através do tubo 5 e vapor através do tubo 6.

A massa fervida da caldeira é evacuada através do tubo 7 para o sacarificador 8, e o vapor de circulação para o coletor de amido 9.

A gelificação do amido faz-se mergulhando-o em água e aquecendo-o até à temperatura de gelificação, que depende do tipo de amido. Assim, para a fécula de batata, a temperatura de gelificação é de 65^0 C, para o amido de milho 75^0 C, para o amido de trigo $79 \div 80^0$ C, para o arroz e a cevada 80^0 C.

Para a cozedura de matérias-primas amiláceas, são utilizadas instalações de cozedura sob pressão de forma cilíndrico-cónica, feitas de chapa de aço que pode suportar 6÷7 at. A parte cónica é muito mais alta, representando 2/3÷3/4 da altura, de modo a que a caldeira possa ser completamente esvaziada no final da operação.

As caldeiras podem ser alimentadas com vapor tanto na parte superior como na parte inferior. A capacidade das caldeiras varia entre 500 e 1500 l.

Consoante o tipo e a qualidade da matéria-prima, o regime de cozedura difere em termos de duração, temperatura máxima, quantidade de água adicionada à fervura e método de introdução de vapor na caldeira.

Assim, as batatas requerem uma duração mais curta e uma temperatura máxima de cozedura mais baixa do que os cereais. O regime de cozedura também difere consoante a qualidade das batatas ou dos cereais. Assim, as batatas congeladas ou estragadas são cozidas a uma temperatura mais baixa do que as saudáveis, e os cereais com uma estrutura vítrea requerem um regime de cozedura mais intenso do que os farináceos.

Para que o amido gelifique o mais completamente possível e para evitar o escurecimento através da formação de melanoidinas e caramelo, é necessária a presença de uma quantidade suficiente de água durante a cozedura. Enquanto que as batatas frescas contêm água suficiente para ferver, é necessário adicionar uma quantidade adequada de água quando se ferve batatas e grãos secos. Assim, para 100 kg de milho, adiciona-se 250÷300 l de água, para 100 kg de trigo, 290 l de água, e para 100 kg de centeio, 300 l de água.

A operação de ebulição decorre em duas fases:

- Aquecimento do produto até à temperatura de ebulição;

- manter a temperatura máxima de ebulição.

A pressão máxima de ebulição e a sua duração dependem do tipo e da estrutura da matéria-prima; mas o tempo total de ebulição e o tempo de manutenção da pressão máxima devem ser observados com muita precisão:

Tabela 5.1. Condições de ebulição

Pressão	4 em	5at	6at
tempo total de cozedura, minutos	60÷90	50÷80	40÷70
tempo de manutenção da pressão máxima, minutos	20÷30	10÷20	5÷10

A ebulição é feita com vapor a pressões até 6 bar, em autoclaves cilíndricos verticais do tipo Henze, com capacidades de 5÷7 m3.

A caldeira para cereais ou batatas é constituída pelas seguintes partes principais: o corpo do aparelho 1, que é feito de chapa de aço de 8÷10 mm; o topo do cone 2, que está sujeito a maior desgaste, é feito de chapa de aço de 12÷14 mm; a tampa da caldeira 3, que fecha o orifício onde a matéria-prima e a água são introduzidas. A tampa é fixada com parafusos dispostos na sua circunferência; a válvula de segurança 4, regulada de modo a que, quando é excedida uma determinada pressão, abra a saída de vapor da caldeira; a ligação para o vapor circulante 5, através da qual o vapor que atravessou a massa da caldeira sai para a atmosfera ou é conduzido primeiro para o coletor de amido para a recuperação do amido arrastado da caldeira; o manómetro 6, montado na extremidade de um tubo de cobre que se encontra a um nível e numa posição conveniente, de modo a poder ser facilmente observado pelos operadores.

A ligação 7 é utilizada para introduzir vapor na caldeira e a válvula 8 é utilizada para evacuar a massa da caldeira. A tubagem 9 é utilizada para recolher amostras da caldeira.

Antes de carregar a caldeira, proceder do seguinte modo: fechar a válvula de escape 8. Verificar se a válvula de escape 4 não está bloqueada. Quando os cereais são cozidos, a quantidade necessária de água é introduzida através do tubo 5, do respetivo esquema tecnológico, e depois a matéria-prima através da tampa 3. Verifica-se se o indicador do manómetro está na posição zero. Verificar o estado da junta da boca de enchimento, que fecha a tampa 3, apertando todos os parafusos de forma homogénea e correcta. O bidão da conduta de recolha de amostras deve estar fechado. Em seguida, abrir a válvula de entrada de vapor 7 na caldeira e abrir a válvula no tubo de saída de vapor 5 de forma correspondente.

Durante a ebulição, a pressão é constantemente observada no manómetro, que não deve exceder o nível indicado para o tempo decorrido desde o início da ebulição. Se a pressão exceder o limite requerido, a válvula de entrada de vapor é fechada, e quando estiver abaixo do limite, a válvula de vapor é mais aberta.

A massa cozida é evacuada abrindo gradualmente a válvula de escape 8, a válvula do tubo de circulação de vapor 5 e o tubo de entrada 7 devem estar fechados durante este tempo. Depois de esvaziar o conteúdo da caldeira, para expelir os restos da massa cozida, fechar a válvula 8, aumentar a pressão com vapor para 2,5÷3 at e abrir a válvula 8 de uma só vez. Em seguida, fechar a válvula 7 para a entrada de vapor na caldeira.

Para retomar o processo de ebulição, a boca de carga da chaleira só se abre depois de o manómetro indicar pressão zero no dispositivo.

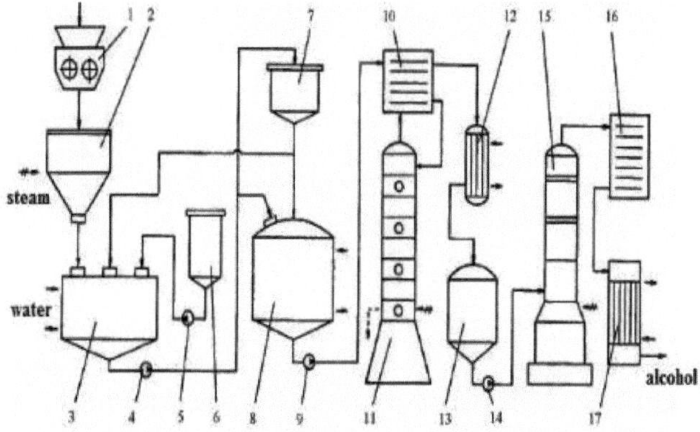

Fig. 5.1. A linha tecnológica para a obtenção de álcool a partir de cereais: 1-mill para cereais; 2-caldeira; 3-cuba de sacarificação; 4,5,9,14-bombas; 6-tanque com leite maltado; 7-estação para culturas de leveduras puras; 8-lin fermentação; 10,16-deflegmática; 11-coluna de destilação; 12,14-capacitores; 13-reservatório para aguardente bruta; 15-coluna de retificação

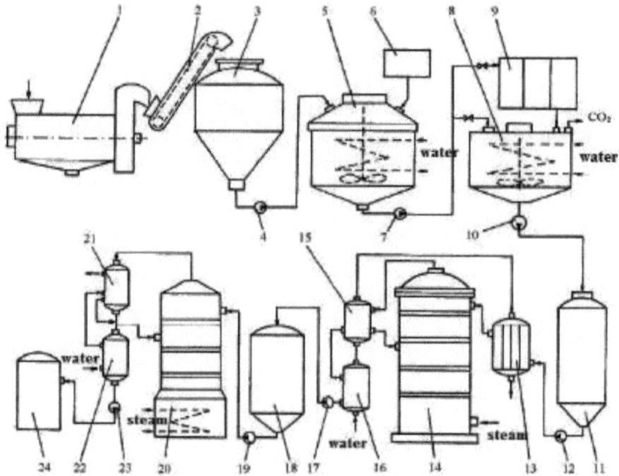

Fig. 5.2. A linha tecnológica para a obtenção de aguardente de batata:
1-lavadora; 2-transportador; 3- chaleira; 4,7,10,12,17,19,23-bombas;
5-cuba de sacarificação; 6-tanque de leite maltado; 8-linha de
fermentação; 9-estação de culturas de leveduras puras; 11-tanque de
borras fermentadas; 13-pré-aquecedor; 14-coluna de destilação; 15,21-
deflegmática; 16,22-capacitores; 18-tanque de aguardente bruta; 20-
coluna de retificação; 24-tanque de aguardente refinada

V.3. AÇUCARIFICAÇÃO DE MATÉRIAS-PRIMAS AMILÁCEAS

Depois de o amido da matéria-prima ter sido gelificado e solubilizado por ebulição sob pressão, a massa cozida obtida é submetida à operação de sacarificação, através da qual o amido é transformado em hidratos de carbono fermentáveis pela levedura.

O processo tecnológico de sacarificação de matérias-primas amiláceas ocorre da seguinte forma. A matéria-prima fervida da caldeira ou bateria de caldeiras 1 é descarregada no sacarificador 2. O leite maltado da cuba 3 é introduzido no sacarificador nas quantidades estabelecidas, em fluxo livre. Nas fábricas equipadas com um coletor de amido, o seu conteúdo é periodicamente transferido para o sacarificador, imediatamente após o esvaziamento das caldeiras. Após a sacarificação a uma temperatura de 30^0 C, é introduzida a quantidade de levedura necessária para a fermentação.

Após a homogeneização e arrefecimento até à temperatura de fermentação, o líquido sacarificado no qual a levedura foi introduzida é levado por uma bomba e enviado para as linhas de fermentação.

A operação de sacarificação é também designada por escaldagem, uma vez que se obtém um escaldado que contém todos os componentes insolúveis da matéria-prima e do malte. A sacarificação pode ser efectuada de três formas, consoante o agente de sacarificação:

- com malte verde;

- com preparações de enzimas microbianas;

- com ácidos minerais.

A sacarificação enzimática utilizando malte verde ou preparações enzimáticas microbianas é a mais comum nas fábricas de álcool.

A ação sacarificante do malte verde deve-se ao seu conteúdo em enzimas amilolíticas, principalmente α e β-amilase, que actuam sobre os dois componentes do amido solúvel - amilose e amilopectina, que transformam em hidratos de carbono fermentáveis.

Nas pastas de matérias-primas amiláceas, em que o amido foi previamente gelificado e solubilizado por ebulição sob pressão, as condições óptimas de temperatura e pH para as duas enzimas são as seguintes

Quadro 5.2. Condições das matérias-primas amiláceas

	α-amilase	β-amilase
temperatura óptima, em C^0	55÷57	50÷55
o pH ótimo	4,6÷5,0	5,0÷5,7

As polpas de matérias-primas amiláceas têm um pH de 4,9÷5,6, em média 5,3, favorável à ação óptima das duas enzimas, sem necessidade de corrigir o pH das polpas. No caso de utilização de preparados enzimáticos microbianos, é necessário assegurar as temperaturas e o pH óptimos recomendados pela empresa fornecedora das enzimas.

O processo de hidrólise do amido catalisado pelas duas amilases do malte desenrola-se através de uma série de etapas de produtos intermédios (amilodextrinas, eritrodextrinas, acrodextrinas, maltodextrinas), que podem ser reconhecidos pela cor obtida com uma solução de Lugol. Considera-se que a sacarificação está terminada quando a polpa já não dá cor com iodo, ou seja, quando só restam acrodextrinas e maltose.

São também utilizadas preparações enzimáticas microbianas para a sacarificação, que podem substituir parcial ou totalmente o malte verde. Para este efeito, são utilizadas preparações que contêm α-amilase bacteriana para a liquefação e amiloglucosidase para a sacarificação. A utilização de preparações enzimáticas levou à produção de pães a partir de matérias-primas amiláceas sem necessidade de as ferver sob pressão.

Para uma utilização mais eficiente das preparações enzimáticas de origem microbiana, foram também desenvolvidas as tecnologias de aplicação destas preparações, resultando numa série de opções tecnológicas para a obtenção de pães a partir de matérias-primas amiláceas.

O processo tecnológico de sacarificação das matérias-primas amiláceas é efectuado num sacarificador, uma máquina que tem uma capacidade igual à de uma chaleira ou de 2÷3 chaleiras. No sacarificador, realizam-se as seguintes operações

- arrefecimento da ameixa cozida até à temperatura de fluidificação ($75 \div 80^0$ C) ou de sacarificação ($55 \div 60^0$ C);

- mistura com leite maltado;

- sacarificação efectiva;

- arrefecimento do mosto doce até à temperatura de sementeira das leveduras (30^0 C);

- inoculação com levedura sob a forma de pasta de levedura.

As principais partes construtivas do sacarificador são as seguintes o corpo do sacarificador 1, feito de chapa de ferro, cobre, aço inoxidável ou alumínio; o agitador 2, com uma fileira ou duas fileiras de pás; o motor com redutor 3, que aciona o agitador com uma velocidade de 100 rpm; o tubo 4, para descarregar a massa cozida da chaleira; o sino de sopro 5, em cuja superfície interna a massa cozida é projetada sob pressão; o tubo 6, introduzindo uma água de resfriamento nas bobinas do sacarificador; a bobina de resfriamento 7; o tubo de saída de água 8 do sistema de resfriamento do sacarificador.

Outros componentes: o exaustor 9, para a exaustão do vapor que se liberta intensamente durante a descarga das chaleiras; o tubo de vapor 10, para aumentar a tiragem e esterilizar o exaustor; o tubo 11, para drenar o condensado que se forma no exaustor; a válvula e o tubo 12, para esvaziar o sacarificador; o termómetro 13.

Na gestão prática da operação de sacarificação, devem ser tidos em conta os seguintes aspectos

- para criar condições de temperatura óptimas para a ação de fluidificação e sacarificação produzida pelas amilases;

- a resistência térmica das duas amilases à temperatura de sacarificação;

- o pH ótimo das ameixas;

- evitar a contaminação com microorganismos estranhos;

- simplificando o mais possível a operação.

Durante a operação de sacarificação, são controlados os seguintes aspectos:

- grau de sacarificação;

- o grau de esferificação e o coeficiente de qualidade do gesso;

- acidez e pH;

- o poder amilolítico da ameixa doce.

Para controlar a sacarificação, filtra-se uma porção da polpa doce, examinando tanto o resíduo como o filtrado límpido obtido. No resíduo, bem lavado com água, devem encontrar-se apenas cascas, sem amido aderente, e deve obter-se uma coloração amarelada ou avermelhada com iodo. O filtrado deve ter uma cor amarela clara e um sabor doce e não deve apresentar coloração com iodo, o que indicaria uma sacarificação incompleta.

O grau de sacarificação é controlado com uma solução de iodo e iodeto de potássio, preparada pela dissolução de 1 g de iodo e 2 g de iodeto de potássio em 300 ml de água destilada.

No filtrado límpido, determina-se, em primeiro lugar, o teor de extrato de ameixa (grau sacarométrico) com o sacarómetro de Balling ou por outros métodos conhecidos.

Os graus sacarométricos de Balling exprimem em percentagem mássica todas as substâncias existentes no plasma límpido, substâncias fermentáveis e substâncias não fermentáveis.

O coeficiente de qualidade do mosto representa a percentagem de hidratos de carbono fermentáveis do extrato de mosto, tendo assim o mesmo significado que o grau final de fermentação utilizado na indústria cervejeira. O coeficiente de qualidade da ameixa (Q) pode ser determinado quimicamente ou através de uma amostra de fermentação e tem os seguintes valores:

- para batatas ou pães de centeio Q = 79÷85%;
- para as farinhas de milho ou de trigo Q = 89÷90%;
- para bolos de melaço Q = 60%.

A acidez do plasma é praticamente expressa em graus Delbrück (0D), que representa o ml de NaOH 1n necessário para neutralizar os ácidos em 20 ml de plasma. A acidez da batata-doce ou da ameixa de milho varia entre 0,1 e 0,30 D, o que corresponde a um pH de 5,3 a 5,7.

O controlo do poder amilolítico do plasma sacarificado é necessário para determinar se ainda existem amilases activas suficientes para a sacarificação secundária das dextrinas no limite da fermentação e é efectuado do seguinte modo

- Introduzir 10 ml de solução de amido solúvel a 2% em 5 tubos de ensaio;

- Adicionam-se 0,25; 0,5; 0,75; 1,0 e 1,25 ml de plasma doce filtrado, misturam-se e mantêm-se os tubos de ensaio durante 60 minutos num banho de água a uma temperatura de 55^0 C;

- arrefecer os tubos de ensaio em água fria, adicionar 0,5 ml de iodo n/50, agitar e observar a cor formada;

- se já se obtiver uma cor amarela na amostra com 0,5 ml de caldo, significa que a sacarificação foi bem conduzida; se esta cor mal aparecer no tubo de ensaio com 0,75 ml de levedura, significa que a atividade da amilase é fraca, facto que se deve à utilização de um malte pobre em enzimas ou a temperaturas demasiado elevadas durante a sacarificação.

A ameixa doce é igualmente submetida a um controlo microbiológico para detetar eventuais contaminações.

O controlo microbiológico durante a sacarificação pode indicar se a contaminação com bactérias provém desta fase do processo tecnológico.

V.4. PREPARAÇÃO DAS LEVEDURAS PARA A FERMENTAÇÃO

A fermentação das tartes doces a partir de matérias-primas amiláceas é efectuada com a ajuda de leveduras que, graças ao complexo enzimático que contêm, transformam o açúcar da tarte em álcool etílico e dióxido de carbono.

As leveduras utilizadas devem satisfazer as seguintes condições: ter um título alcoométrico elevado, adaptar-se aos solos ácidos dos cereais e da batata, iniciar rapidamente a fermentação, formar uma pequena quantidade de espuma durante a fermentação e produzir o mínimo possível de sulfureto de hidrogénio e de outras substâncias indesejáveis em termos de sabor e de aroma.

As leveduras utilizadas na fermentação da indústria do álcool podem ser utilizadas sob a forma de:

- leveduras líquidas (cultivadas na fábrica);

- leveduras secas;

- levedura prensada (levedura de padeiro).

Para obter rendimentos mais elevados, foi necessário obter mutantes através da utilização de agentes químicos. Estas estirpes contêm ADN mitocondrial modificado e a produção de enzimas necessárias para o metabolismo aeróbico é inibida.

Em termos de capacidade de fermentação, as leveduras para álcool devem fermentar os hidratos de carbono das uvas o mais completamente possível, no mais curto espaço de tempo e com uma velocidade elevada, para que o processo de fermentação seja rentável.

A cultura de produção é obtida em placas especiais para leveduras, preparadas a partir de matérias-primas amiláceas de qualidade, processadas hidrotermicamente e sacarificadas. As placas especiais, a fim de criar condições para o desenvolvimento seletivo apenas de leveduras de cultura, são acidificadas por adição de ácido sulfúrico ou por acidulação biológica através de fermentação láctica.

Recentemente, apareceram uma série de preparações comerciais de leveduras secas que podem ser utilizadas como culturas de arranque para o fabrico de álcool, que apresentam certas vantagens na sua utilização:

- um início rápido da fermentação;

- uma eficiência óptima de transformação do açúcar em álcool;

- uma qualidade constante do produto obtido.

A dose de levedura seca é de $10 \div 20$ g/hl de plasma, um grama de preparado contém $20 \div 25$ x 109 células de levedura. O preparado seco, após uma breve fase de hidratação, é introduzido na massa sacarificada onde deve ser distribuído o mais uniformemente possível, para que a fermentação se inicie em toda a massa de massa.

As pesquisas efectuadas na indústria do álcool levaram à utilização de leveduras imobilizadas, conseguindo um aumento de 20 a 25% na produção de álcool. A imobilização das células de levedura é efectuada através da sua incorporação em géis de vários tipos, que representam materiais inertes em relação aos produtos do ambiente. É utilizado para a imobilização:

- k-carrageenan;

- alginato de alumínio;

- alginato de cálcio;

- polímeros sintéticos;

- parasilicatos.

Ao preparar a pasta de levedura, distinguimos dois procedimentos principais:

- o procedimento clássico;

- o processo simplificado com ácido sulfúrico.

O processo clássico. Este processo caracteriza-se por retirar uma parte da polpa doce (5÷10%) e prepará-la especificamente para o cultivo de leveduras através da acidulação e da adição de nutrientes.

A preparação da pasta de levedura inclui três fases principais:

- preparação do pão especial;

- acidificação do fígado especial;

- preferência.

A porção de polpa doce (5-10%), proveniente da polpa sacarificada, é filtrada e adiciona-se 4-6% de malte verde sob a forma de leite maltado, no caso da batata, e cerca de 10% no caso do milho, para a enriquecer em substâncias nutritivas. Em seguida, o coalho é sacarificado durante 60 minutos a $60÷62^0$ C e arrefecido rapidamente até à temperatura de sementeira da levedura de $28÷30^0$ C. O plasma assim obtido tem uma concentração de 20÷22 0Bllg.

A acidulação do plasma especial pode ser efectuada com ácidos orgânicos ou inorgânicos. Característica do processo clássico é a acidulação por fermentação láctica da ameixa especial durante 20÷24 horas a uma temperatura de $50÷55^0$ C por sementeira com Bacillus

Delbrücki. Através da acidulação, deve ser atingida uma acidez de 1,8÷20D no plasma.

Após a acidulação, o vinho especial arrefece rapidamente até uma temperatura de $28÷30^0$ C, altura em que é semeado com leveduras. Durante a pré-fermentação, o mosto especial acidificado e arrefecido é então semeado com uma cultura pura de laboratório (cerca de 5 litros), obtida pela multiplicação da levedura em condições estéreis sobre mosto de malte ou mesmo melaço. Durante a pré-fermentação, a levedura multiplica-se cerca de 7 vezes, formando 7÷8% vol. de álcool, de modo que o grau Balling do vinho especial desce do valor inicial de 200Bllg para 5÷60Bllg. A duração da preferência é de 20÷24 horas.

O procedimento simplificado com ácido sulfúrico. De acordo com este procedimento, a preparação do mosto de levedura é efectuada da seguinte forma: uma pequena porção (4÷5%) do mosto principal é semeada com uma cultura de levedura pura obtida no laboratório, acidificada com ácido sulfúrico até pH 3,5 e fermentada durante 20÷24 horas a uma temperatura de $26÷28^0$ C.

A pasta de levedura assim obtida, com um extrato de 6÷80Bllg, é então utilizada para semear a pasta doce arrefecida a 300C.

V.5. FERMENTAÇÃO DE AMEIXAS A PARTIR DE MATÉRIAS-PRIMAS AMILÁCEAS

A fermentação representa uma das operações tecnológicas mais importantes no fabrico de álcool, na qual se podem refletir tanto as deficiências produzidas antes da ebulição e da sacarificação, como as deficiências que podem surgir durante esta operação.

Os principais requisitos para a fermentação são os seguintes:

- para trabalhar com uma levedura vigorosa a temperaturas óptimas de fermentação;

- para obter um grau de fermentação adequado no mais curto espaço de tempo possível;

- o gesso deve estar isento de contaminação por microorganismos estranhos.

A fermentação dos amidos de cereais e de batata dura mais de 72 horas, devido à sacarificação secundária das dextrinas, e envolve três fases inter-relacionadas:

- fase inicial 20 horas

- fase principal 18 horas

- fase final 34 horas

Total de 72 horas

A fase inicial, que dura 18÷20 horas, caracteriza-se nomeadamente pela multiplicação das leveduras e pela fermentação de cerca de 40% da maltose. Utilizando culturas puras de leveduras vigorosas, a fermentação da maltose estabelece-se rapidamente, de modo que o equilíbrio estabelecido durante a sacarificação entre a maltose e as dextrinas se altera já na fase inicial.

A fase principal, que dura 18÷20 horas, é caracterizada pela intensa fermentação da maltose, com a formação de álcool, dióxido de carbono e calor. Devido ao aumento da concentração alcoólica do vinho acima de 5%, a multiplicação das leveduras praticamente pára nesta fase. Durante a fermentação, a temperatura do vinho aumenta e é necessário arrefecer as cubas de fermentação, para que a temperatura de fermentação não ultrapasse os 34^0 C. A fase principal dura enquanto houver maltose no substrato.

A fase final da fermentação começa depois de esgotada a maltose do plasma e caracteriza-se sobretudo pela sacarificação secundária das dextrinas limitadas sob a ação das amilases que permanecem no plasma e pela fermentação da maltose resultante. Uma vez que o processo de sacarificação secundária das dextrinas se processa lentamente, a fase final de fermentação tem a duração mais longa de 32÷34 horas. Durante esta fase, a temperatura óptima da ameixa é de 27^0 C. Considera-se que a fermentação está terminada quando o extrato aparente da polpa, determinado com o sacarómetro de Balling, não se altera durante as últimas 4 horas de fermentação.

No final da fermentação, as borras podem ser enviadas diretamente para a destilação ou para um tanque-tampão, e o tanque de fermentação é lavado e desinfectado, com especial atenção à evacuação do dióxido de carbono.

Para aumentar a produtividade do processo de fermentação ou para processar matérias-primas que se degradam rapidamente, o tempo de fermentação pode ser encurtado de 72 horas para 48 horas ou mesmo 36 horas, através das seguintes medidas tecnológicas:

- a utilização de preparações enzimáticas microbianas que, através de uma hidrólise mais avançada do amido, conduzem ao encurtamento da fase final de fermentação;

- Realização da fermentação a temperaturas superiores a $35 \div 36^0$ C, com a adoção de medidas especiais para evitar a contaminação com microrganismos estranhos;

- a utilização de uma maior quantidade de escória de levedura de $10 \div 15\%$ da quantidade total de escória;

- a utilização de boro líquido recirculado (máx. 60%) para obter a massa, que acelera a fermentação, encurtando a fase inicial para $2 \div 3$ horas.

Para que o processo de fermentação decorra normalmente, são controlados os seguintes factores

- a temperatura da pluma;

- a concentração no extrato de fígado;

- o pH do sangue;

- a pureza microbiológica da fermentação. No final do processo de fermentação, a concentração alcoólica do vinho fermentado é determinada por destilação, variando entre $6 \div 12\%$ vol. de álcool.

A fermentação das polpas de cereais e de batata é efectuada em recipientes especiais, denominados cubas de fermentação, equipados com serpentinas de arrefecimento e tubos de captação de dióxido de carbono. As cubas de fermentação podem ser cilíndricas (verticais ou horizontais) ou paralelepipédicas (caixa). Em geral, a dotação das cubas paralelepipedais e das cubas cilíndricas é idêntica, com a diferença de que as cubas cilíndricas dispõem, por vezes, de uma instalação externa de arrefecimento.

O revestimento 1 está equipado com o tubo de carga com polpa sacarificada 2, a tampa de inspeção superior 3, a tampa de inspeção inferior 4, o tubo de exaustão de dióxido de carbono 5, o tubo de vapor 6, a válvula hidráulica de sobrepressão e vácuo 7, a haste para fixação do termómetro 8, a instalação de arrefecimento interno 9, a ligação de água fria 10 para alimentar a serpentina de arrefecimento, a ligação 11 para a saída da água de arrefecimento das serpentinas e o tubo 12 para a descarga do líquido fermentado.

Na maioria dos casos, quando as linhas estão localizadas numa construção existente, é escolhida a forma de paralelepípedo, que permite a utilização económica do espaço de produção.

O volume das calhas metálicas que são construídas está correlacionado com a capacidade de produção da fábrica. O arrefecimento das cubas é efectuado por aspersão do exterior das paredes no caso das cubas cilíndricas verticais e de pequena capacidade ou por serpentinas que são montadas no interior das cubas de fermentação de grande capacidade.

O sistema de arrefecimento é constituído por bobinas de cobre com um diâmetro de 30÷40 mm. São montadas em forma de espiral nos eixos cilíndricos ou de registos nos eixos paralelepipédicos. A superfície de arrefecimento necessária é de 0,3÷0,4 m2 para 1 m^3 de caldo de fermentação.

As perdas de álcool por arrastamento com o dióxido de carbono são em média de 0,7% e podem atingir até 1,4% do álcool produzido na linha de fermentação. Para recuperar o álcool arrastado, são utilizados lavadores especiais de dióxido de carbono, com pratos ou enchimentos, que funcionam segundo o princípio das colunas de destilação.

A fermentação normal das polpas de cereais ou de batata caracteriza-se pela libertação regular e uniforme, em grandes bolhas, de dióxido de carbono durante a fase principal da fermentação. Ao quebrar as bolhas de dióxido de carbono, formam-se ondas na superfície da ameixa. Este tipo de fermentação é designado por fermentação ondulante. Em contraste com a fermentação ondulante caraterística das fábricas que se preocupam constantemente com o desenvolvimento do processo tecnológico em boas condições, são conhecidos três tipos de fermentação anormal, a saber

- fermentação com descida e subida das borras;

- fermentação com formação de espuma;

- fermentação com formação de uma camada espessa de películas.

A fermentação com abaixamento e elevação da polpa é caraterística das polpas de cereais e de batata com elevada viscosidade. Nestas plumas, as bolhas de dióxido de carbono não conseguem subir à superfície, devido à elevada viscosidade, juntam-se na profundidade da pluma num grande volume de gás que depois rebenta à superfície. Para evitar a produção deste tipo de fermentação, quando as fábricas de álcool dispõem também de matérias-primas que dão ameixas viscosas, estas devem ser transformadas juntamente com milho ou batatas de qualidade.

A fermentação com formação de espuma caracteriza-se pelo facto de, na fase principal, se produzir uma espuma persistente de bolhas de dióxido de carbono na superfície do vinho em fermentação. As bolhas não se rompem e a camada engrossa sempre, atingindo uma espessura de 1÷1,5 m, o que representa 40% da espessura da camada de lodo. A espuma começa a formar-se quando a temperatura da cuba de fermentação é de 24÷25^0 C e quando o extrato de ameixa desce cerca de um terço do seu valor inicial. As causas deste tipo de fermentação estão relacionadas com as leveduras e as matérias-primas utilizadas no processo tecnológico. A medida indicada para combater a espuma

consiste na utilização de antiespumantes, tais como ácidos gordos, óleo de girassol, etc. Para evitar a formação de espuma durante a fermentação, as seguintes medidas são eficazes:

- As batatas precoces ou as variedades que espumam durante a fermentação devem ser cozidas durante mais tempo;

- fritar as batatas a uma temperatura mais elevada para obter uma massa fluida;

- para transformar várias variedades de batatas numa mistura;

- processar batatas em mistura com milho, mesmo que sejam inconvenientes;

- sã se schimbe cultura de drojdie pentru însământare.

Fermentação com formação de uma camada espessa de peles. Durante a transformação de cereais com casca grossa ou ricos em celulose (aveia, cevada, painço), forma-se uma camada de cascas na superfície da polpa, cuja espessura pode atingir 1÷1,5 m. Para evitar a formação de uma camada de cascas, é indicado que os cereais com uma elevada percentagem de cascas sejam submetidos a descasque ou transformação numa mistura com outros cereais com uma baixa percentagem de cascas, de modo a que a percentagem de cascas durante a transformação não exceda 10%.

Controlo da fermentação. Tanto durante o processo de fermentação como no seu final, é efectuado um controlo complexo das leveduras, cujo objetivo é assegurar o desenvolvimento normal do processo de fermentação e, finalmente, obter rendimentos adequados. É efectuado o controlo da temperatura, da acidez, da concentração da polpa, da pureza microbiológica, do açúcar residual e do teor alcoólico da polpa final.

VI. DESTILAÇÃO DE AMEIXAS FERMENTADAS

A levedura fermentada é uma mistura aquosa de diferentes substâncias em solução ou em suspensão, sendo algumas delas substâncias não fermentáveis provenientes de matérias-primas e auxiliares e outras produtos da fermentação alcoólica.

Das matérias-primas, pequenas quantidades de açúcar residual, dextrinas não sacarificadas, ácidos orgânicos, gorduras, substâncias azotadas não assimiladas pelas leveduras, sais minerais permanecem em solução na pasta fermentada, e em suspensão cascas e proteínas coaguladas.

Durante a fermentação alcoólica, o álcool etílico e o dióxido de carbono são formados como produtos principais, e aldeídos, ésteres, álcoois superiores, álcool metílico, glicerina, etc. como produtos secundários. Além disso, o caldo fermentado contém leveduras e, eventualmente, microrganismos contaminantes.

A concentração alcoólica do vinho fermentado varia muito, entre 6 e 12%, consoante o tipo de matéria-prima e o processo tecnológico aplicado.

O álcool etílico e outros componentes voláteis da polpa, tais como: aldeídos, ésteres, álcoois superiores, furfural, ácidos voláteis, são separados da polpa através da operação de destilação.

A destilação é efectuada através do aquecimento até à ebulição e da cozedura das ameixas fermentadas em instalações especiais, através das quais o álcool etílico e outros componentes voláteis passam para a fase de vapor e são depois condensados por arrefecimento com água.

Para melhor compreender o processo de separação do álcool do vinho por destilação, o vinho fermentado pode ser assimilado a uma mistura binária miscível constituída por álcool etílico e água, com uma concentração de álcool igual à do vinho fermentado.

A separação do álcool etílico desta mistura baseia-se na diferença de volatilidade entre este e a água. Assim, o álcool etílico é mais volátil que a água, tendo uma temperatura de ebulição de $78,39^0$ C, enquanto a temperatura de ebulição da água é de 100^0 C, à pressão atmosférica.

Uma vez que a separação dos componentes da mistura por destilação se faz pela ordem da sua volatilidade, destilando primeiro os que têm maior volatilidade, logo com menor temperatura de ebulição, significa que os vapores resultantes da ebulição da mistura de álcool e água serão mais ricos em álcool etílico, e a mistura sujeita a destilação esgotar-se-á gradualmente em álcool.

Para obter um produto com um teor alcoólico elevado, são necessárias destilações repetidas e, com o aumento do teor alcoólico do líquido sujeito a destilação, obtém-se uma concentração cada vez mais reduzida até se atingir o chamado ponto azeotrópico, a partir do qual já não se pode concentrar mais por destilação. Para a mistura de álcool etílico e água, este ponto azeotrópico corresponde a uma concentração de álcool de 97,17% em volume ou 95,57% em massa.

Por esta razão, através de destilações repetidas, pode obter-se um álcool com uma concentração máxima de 97,2% vol.

Para além do álcool e da água, através da destilação do vinho fermentado, passam também para o destilado outras substâncias voláteis, tais como aldeídos, ésteres, álcoois superiores, ácidos voláteis, álcool metílico, etc., que lhe conferem um sabor e um cheiro desagradáveis, pelo que se obtém o chamado álcool bruto, que deve ser posteriormente purificado através da operação de refinação. O resíduo sem álcool resultante da destilação é designado por borhot.

VI.1. INSTALAÇÕES DE DESTILAÇÃO DE COUROS FERMENTADOS

A destilação de ameixas fermentadas para obtenção de álcool bruto é, na verdade, uma destilação repetida de alguns condensados alcoólicos, com o objetivo de obter uma concentração elevada de álcool, um processo que se designa por retificação.

A operação de destilação do vinho fermentado é efectuada em instalações de funcionamento contínuo, onde o processo físico que ocorre é o seguinte:

- as lamas fermentadas pré-aquecidas entram na parte superior de uma coluna de lamas provida de placas com sinos e escoam através da coluna a uma velocidade constante contra o vapor que é introduzido na base da coluna;

- À medida que sobem na coluna, os vapores são gradualmente enriquecidos em álcool, através de repetidas vaporizações do componente volátil (álcool) e de repetidas condensações do componente menos volátil (água), resultando, na parte superior da coluna de pluma, vapores alcoólicos com uma concentração de álcool equilibrada com a das borras fermentadas, que são posteriormente concentrados até ao título alcoométrico bruto necessário numa coluna de concentração;

- Ao drenar o chumbo de um prato para outro, consegue-se o esgotamento gradual do chumbo no álcool, resultando num resíduo desalcoolizado na base da coluna - o borhot.

As instalações de destilação contínua de borras fermentadas, que datam de há mais de 100 anos, podem ser divididas, consoante a localização das duas colunas de borras e de concentração, em dois grupos:

- instalações com duas colunas sobrepostas;

- instalações com duas colunas adjacentes.

Instalação com duas colunas sobrepostas

Com a ajuda da bomba de pistão 1, a lama fermentada é introduzida no deflegmador 2 da coluna de destilação 3, onde é pré-aquecida até próximo do ponto de ebulição devido aos vapores alcoólicos que se condensam parcialmente no deflegmador. O chumbo pré-aquecido é então inserido no prato superior da coluna de chumbo 3a, aquecida na base com vapor direto, onde o chumbo é esgotado em álcool, resultando na parte inferior da espuma, que é evacuada da coluna com a ajuda do regulador de espuma 4.

O regulador de bolhas desempenha o papel de um fecho hidráulico, mantendo um nível constante de lamas no espaço da base da coluna e impedindo assim que o vapor se escape com a bolha. Assim, quando o nível da pluma na base da coluna desce, o flutuador do regulador baixa e fecha a saída de borboleta e vice-versa.

Os vapores alcoólicos resultantes da coluna plumada, que é dotada de 12-16 pratos com sinos, passam depois para a coluna de concentração 3b, normalmente dotada de pratos com crivo, na qual se efectua a concentração dos vapores de álcool bruto. Os vapores de álcool bruto passam depois para o desfolhador 2, onde se dá uma condensação parcial do componente menos volátil, devido à pluma pré-aquecida e eventualmente à água de arrefecimento.

Desta forma, o deflegmador consegue uma concentração adicional dos vapores através da condensação do componente menos volátil que regressa à coluna sob a forma de refluxo externo através de um tubo especial.

Os vapores de álcool bruto deflegmado são então passados para o condensador de arrefecimento 5, onde ocorre a condensação na parte superior multi-tubular 5a e o arrefecimento na parte inferior 5b, circulando o álcool bruto através da serpentina. A fim de poupar água de arrefecimento, continua a arrefecer o deflegmador 2a.

O álcool bruto obtido, com uma concentração alcoólica de 80÷85% vol., é depois passado para a lanterna de controlo 6, onde se pode ler o teor alcoólico e a temperatura com a ajuda de um termoalcoolímetro, e depois para o filtro de álcool 7, onde é separado com base na diferença de densidade das impurezas mecânicas do álcool. A separação destas impurezas, bem como a homogeneização que é efectuada no filtro, são necessárias para a operação seguinte de medição da quantidade e concentração do álcool bruto, que é efectuada com a ajuda de um dispositivo de controlo especial chamado Siemens. Com a ajuda de dois contadores, regista tanto a quantidade de álcool passada (em litros) como os graus dal (10dal = 0,1 litros de álcool absoluto) e indica permanentemente a concentração de álcool em percentagens de volume numa escala graduada.

A partir do dispositivo de controlo, o álcool bruto é conduzido através de tubos para o reservatório de recolha de álcool bruto.

Esta instalação com colunas sobrepostas tem a vantagem de ser mais fácil de manusear, porque a extração do álcool e a sua concentração são feitas numa única instalação, e o consumo de vapor e as perdas em álcool são menores. Devido a estas vantagens, é a instalação de destilação mais difundida.

As desvantagens incluem a elevada altura da instalação e o facto de se obter um mosto mais diluído, com um sabor menos agradável, porque o refluxo do deflegmador flui através da coluna e dilui ainda mais o mosto.

A instalação com duas colunas adjacentes

As lamas pré-aquecidas, pré-aquecidas no desarenador 5 da instalação, entram na parte superior da coluna de lamas 1, que é aquecida na base com vapor direto. Na coluna, o licor é esgotado em álcool, obtendo-se na base um borhot que é evacuado através do regulador de borhot 2. Da coluna de borhot saem vapores de álcool diluídos no topo, que passam pelo separador de gotas 6 na coluna de concentração 3. Nesta coluna, na parte inferior 3a, o líquido é exaurido em álcool, obtendo-se um líquido não alcoólico denominado água de luter, que é evacuado através do regulador 4, e os vapores são concentrados na parte superior 3b de álcool bruto, que são ainda passados no desfluidificador 5, no condensador de arrefecimento 7, na lanterna de controlo 8 e depois no filtro de álcool bruto 9.

A lama resultante desta instalação é mais concentrada, uma vez que a água de lavagem do refluxo da coluna 3 é evacuada separadamente.

Esta instalação é mais difícil de manusear porque duas colunas devem ser aquecidas com vapor e monitorizadas. A instalação requer um maior consumo de vapor e as perdas de álcool são maiores, porque o álcool também pode ser perdido através da água de luther da segunda coluna.

Devido a estas desvantagens importantes, a unidade de destilação de duas colunas raramente é utilizada na prática.

VI.2. GESTÃO DO PROCESSO DE DESTILAÇÃO

Antes da colocação em funcionamento, encher a coluna de destilação 2 com água, na qual é introduzido vapor, para verificar se não existem fugas nas flanges. Se a estanquidade da coluna for boa, retirar as viseiras junto dos pratos de drenagem da água e voltar a montá-las.

A coluna é então enchida com a pluma utilizando a bomba 1, o vapor é aberto para aquecer a coluna, o que termina quando o tubo de álcool do condensador de arrefecimento para a lanterna de controlo aquece. Abrem-se as torneiras de água de arrefecimento do condensador de arrefecimento e do deflegmador e ajusta-se o caudal da alimentação de lamas de modo a atingir o modo de funcionamento normal da coluna. Através de uma correlação dos caudais de chumbo, vapor e água de arrefecimento, obtém-se um caudal constante de álcool na lanterna de controlo, cuja concentração deve ser de 80÷85% vol. de álcool, com uma temperatura de 15÷17^0 C.

Através da complexa automatização da instalação, é assegurado um regime de funcionamento ótimo. Os principais parâmetros que podem ser ajustados automaticamente são: o caudal de alimentação da coluna com pluma, o caudal e a pressão do vapor, a temperatura e o caudal da água de arrefecimento, a concentração e a temperatura do álcool bruto.

A desativação temporária da instalação de destilação é feita parando primeiro a bomba de lama e depois o acesso ao vapor. Após a descida da pressão na coluna, a água de arrefecimento é igualmente desligada. Para voltar a pô-la em funcionamento, começa-se por ligar o vapor que aquece as lamas acumuladas na base da coluna e, quando o álcool começa a afluir à lanterna de controlo, liga-se a bomba de lamas.

No caso de paragens prolongadas, é necessário ferver as lamas da coluna depois de parar a bomba de lamas até que a lanterna de controlo deixe de detetar a presença de álcool, após o que o acesso ao vapor e à água de arrefecimento é fechado.

VII. REFINAÇÃO DO ÁLCOOL BRUTO

Após a destilação, o álcool bruto resulta num produto intermédio, que tem uma concentração alcoólica de 80÷85% vol. e contém uma série de impurezas, mais ou menos voláteis, provenientes das borras fermentadas ou formadas durante o próprio processo de destilação.

A refinação é a operação de purificação e concentração do álcool bruto, a fim de obter um produto de pureza superior denominado álcool etílico refinado.

Através da refinação, o álcool é concentrado, torna-se límpido, sem sabor e cheiro estranhos. O álcool refinado deve ter uma concentração de álcool de pelo menos 96%, não deve conter álcool metílico e furfural, e o seu teor em ácidos, ésteres, aldeídos e álcoois superiores deve ser muito baixo.

Para conseguir uma purificação avançada do álcool, é necessário ter em conta dois aspectos principais durante a refinação: as temperaturas de ebulição das impurezas e as suas solubilidades na mistura álcool-água.

As impurezas do álcool bruto têm temperaturas de ebulição distribuídas entre $20,2^0$ C (aldeído acético) e $161,6^0$ (furfural), mas na realidade a sua destilação é efectuada numa gama de temperaturas muito mais estreita, porque a maioria delas forma misturas azeotrópicas com água, com pontos de ebulição muito inferiores aos da substância pura.

As impurezas serão distribuídas na coluna de acordo com as suas temperaturas de ebulição e a sua solubilidade, como se segue:

- as impurezas mais voláteis que o álcool etílico serão arrastadas pelos vapores alcoólicos para a parte superior da coluna, onde serão descarregadas como vapores sob a forma de cabeças;

- as impurezas menos voláteis concentrar-se-ão na parte inferior da coluna, formando caudas.

Por conseguinte, ao refinar o álcool bruto, obtêm-se três fracções:

- testas;

- álcool refinado;

- caudas.

A operação de refinação do álcool bruto é efectuada em instalações especiais que, consoante a construção e o modo de funcionamento, são de dois tipos:

- instalações com funcionamento descontínuo (periódico);

- instalações com funcionamento contínuo.

VII.1. REFINAÇÃO DESCONTINUADA

A instalação de refinação de descontiuna (figura 7.1) é constituída pelo alto-forno 1, a coluna de refinação 2, o deflegmador 3, o condensador de arrefecimento 4, a lanterna de controlo 6 e o regulador de vapor 7. O alto-forno 1 está equipado com uma serpentina de aquecimento de vapor indireto 8, um borbulhador de vapor direto 9, uma ligação para enchimento 10 e drenagem da água de coagulação 11, um manómetro 12, uma garrafa de nível 13.

A coluna de refinação 2 é constituída por 40÷50 pratos com um crivo que permite obter um álcool refinado com um teor alcoólico de pelo menos 96% vol.

A refinação descontínua é efectuada da seguinte forma:

- introduz-se uma quantidade medida de álcool bruto na bexiga e dilui-se com água de luter até $40 \div 50^0$ álcoois;

- O álcool bruto é aquecido primeiro com vapor direto durante 10÷20 minutos e depois com vapor indireto durante 30÷60 minutos, até que mais de 2/3 da coluna esteja aquecida, o que indica que os vapores alcoólicos chegaram ao desflegmador;

- o caudal máximo de água de arrefecimento no condensador e no deflegmador é então libertado, obtendo-se uma condensação total dos vapores alcoólicos que entram no deflegmador e que regressam à coluna sob a forma de refluxo externo. Através desta travagem da destilação, que dura 1÷3 horas, consegue-se um aumento da concentração de álcool em direção ao topo da coluna, evitando que as impurezas pesadas subam e se concentrem no topo da coluna frontal;

- depois reduzir o caudal de água de arrefecimento e começar a recolher o álcool de cabeça, durante 2÷3 horas, que no início tem um teor alcoólico de 92÷94% vol. e uma cor esverdeada, e no fim torna-se incolor, e a concentração aumenta para 95÷96% vol. de álcool;

- O álcool refinado é posteriormente destilado, devendo ter uma concentração alcoólica de, pelo menos, 96% vol. No início, o trabalho é efectuado com a capacidade máxima da coluna e, à medida que o teor alcoólico do balão diminui, o fluxo de água de arrefecimento é gradualmente aumentado, de modo a não produzir uma diminuição da concentração alcoólica nos pratos. A destilação do álcool refinado demora cerca de 40 horas;

- No momento em que a concentração de álcool na lanterna de controlo diminui e o aparecimento das caudas é detectado organolepticamente, começa a sua recolha, uma operação que dura 1÷2 horas;

- quando o álcool se torna turvo na lanterna de controlo, devido à presença de óleo de fusel, que se emulsiona na solução alcoólica diluída, pode também ser recolhido, enviando-o diretamente para um tanque separado, sem passar pelo dispositivo de controlo. O óleo fúsel pode ainda ser purificado com a ajuda de separadores de óleo fúsel ou por tratamento com uma solução de cloreto de sódio, de modo a que a sua concentração no óleo fúsel seja de pelo menos 85%;

- no final da refinação, quando a concentração do líquido da lanterna de controlo desce abaixo de 2% vol. A água do luther é esvaziada do frasco e inicia-se um novo lote. A duração total de um rebentamento é de cerca de 48 horas.

O álcool etílico refinado é passado para dispositivos de controlo especiais para álcool refinado e depois para os tanques de armazenamento, e as cabeças e caudas de álcool são passadas através do dispositivo de controlo relacionado para um tanque de armazenamento comum que forma o álcool técnico.

A refinação descontínua tem a desvantagem de uma menor produtividade, um maior consumo específico de vapor e maiores perdas de álcool.

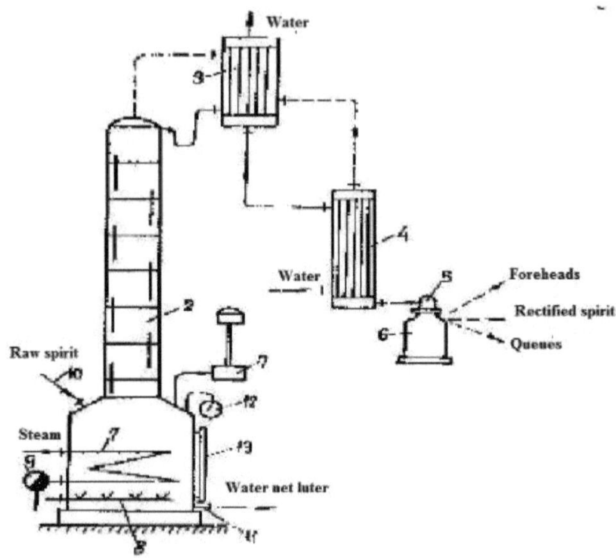

Fig. 7.1 Instalação de refinação descontínua

VII.2. A REFINAÇÃO CONTINUA

As instalações de refinação de álcool bruto mais difundidas são as instalações com duas colunas do tipo Barbet, que se caracterizam por uma maior produtividade, um menor consumo de vapor e pela obtenção de um álcool de melhor qualidade, constante e com menores perdas de álcool.

O esquema da instalação de refinação contínua do tipo Barbet é apresentado na figura 7.2.

O álcool bruto diluído com água de luther no tanque 1 é pré-aquecido no permutador de calor 2 com água de luther quente da coluna de refinação e depois entra no meio do cabeçalho ou coluna de purificação 3. Na coluna de cabeçalho efectua-se, na parte inferior da alimentação 3a, o arrastamento dos aldeídos e ésteres que formam as frentes do álcool bruto, que se concentram na parte superior da coluna 3b e no deflegmador 4, passando depois para o condensador de arrefecimento 5 e, em seguida, para a lanterna frontal 6. Da parte inferior libertada das frentes resulta um líquido alcoólico, denominado purificado, com um teor alcoólico de cerca de 40% vol., que passa depois para a coluna de refinação.

A coluna de depuração está normalmente equipada com 12 pratos na parte inferior de exaustão e 12 pratos na parte superior de concentração das testas. O produto purificado resultante da coluna de cabeça é introduzido no prato de alimentação da coluna de refinação 7. Este é aquecido na base com vapor direto que esgota completamente o produto purificado em álcool na zona 7a, obtendo-se na base água de calefação que é evacuada através do regulador de água Luther 8.

Os vapores alcoólicos resultantes da purga, que ainda contêm restos de cabeças, são concentrados na parte superior da coluna de refinação 7b num grande número de pratos (50÷60) e são depois passados para o deflegmador 9 onde se concentram os restos de cabeças, que são depois passados para o condensador 10 e devolvidos à coluna frontal 3.

O álcool refinado é separado em forma líquida dos pratos do primeiro segmento superior da coluna de refinação e passa para o refrigerador de álcool refinado 11 e depois para a lanterna de controlo

12, após o que chega ao dispositivo de controlo e ao tanque de álcool refinado.

Parte das impurezas pesadas são separadas na forma líquida como óleo combustível dos pratos da coluna de refinação onde a concentração de álcool é de 47÷48% vol. O óleo combustível resultante é passado para o arrefecedor 13, depois para a lanterna de controlo 14 e finalmente para o separador de óleo fúsel 15, sendo o líquido alcoólico separado do óleo devolvido à coluna para recuperação do álcool.

O álcool residual é também recolhido sob a forma líquida nos pratos inferiores da zona 7b da coluna de refinação e passa igualmente para o refrigerador 13 e depois para a lanterna de resíduos 16.

Na prática, as cabeças da lanterna 6 e as caudas da lanterna 16 são passadas em conjunto para o mesmo dispositivo de controlo das quantidades resultantes e, em seguida, para o reservatório técnico de álcool. Em alguns casos, a recolha do óleo fúsel é abandonada na prática, que é assim evacuado com a água de luter. A água de Lutero contém ácidos voláteis e outras substâncias menos voláteis do que o álcool etílico. O teor de álcool da água de luther deve ser, no máximo, de 0.1%.

Através de um funcionamento correto da instalação, respeitando os caudais de alimentação de álcool bruto, vapor e água de arrefecimento, bem como os caudais do álcool refinado, das cabeças e dos rabos, obtém-se um produto de qualidade superior, podendo as perdas de álcool ser reduzidas muito abaixo do limite de 1,4%, chegando mesmo a 0,2%.

Armazenagem de álcool refinado e subprodutos

Tanto o álcool refinado como os subprodutos (álcool técnico, fuelóleo) são armazenados em reservatórios especiais situados num armazém de álcool, separados das secções de produção, com as quais comunicam através de condutas.

O armazenamento do álcool deve ser efectuado com cuidado para evitar perdas de álcool, respeitando rigorosamente as normas de proteção do trabalho e de proteção contra incêndios. Para o efeito, é necessário que o armazém esteja bem isolado, a fim de reduzir ao máximo as perdas por evaporação durante o verão. Os depósitos de álcool também podem ser colocados ao ar livre.

As cubas cilíndricas (verticais ou horizontais) são utilizadas para armazenar álcool e subprodutos.

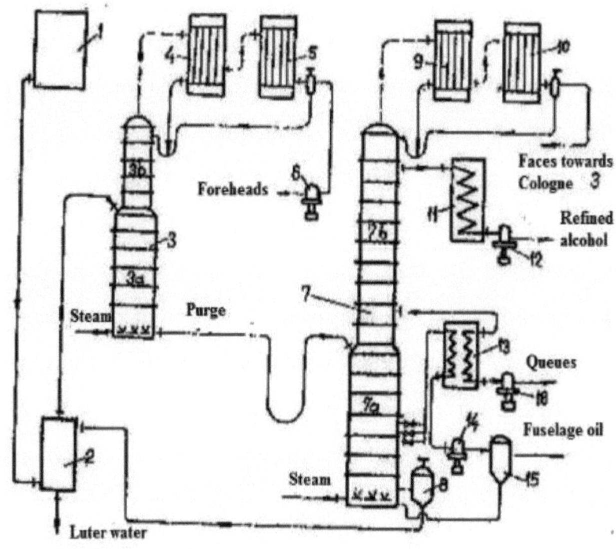

Fig. 7.2 Instalação de refinação contínua (tipo Barbet)

VIII. VALORIZAÇÃO DE SUBPRODUTOS E RESÍDUOS DA PRODUÇÃO DE ÁLCOOL

Do processo tecnológico de fabrico de álcool a partir de melaços e de matérias-primas amiláceas, os principais subprodutos são o dióxido de carbono, o álcool técnico (frentes e caudas) e o óleo fúsel e, como resíduos recuperáveis, os grãos de cereais, a batata e o melaço.

Através da utilização completa e complexa dos subprodutos e resíduos resultantes, as fábricas de álcool beneficiam de vantagens económicas apreciáveis, resolvendo parcial ou mesmo completamente o problema das águas residuais.

VIII.1. DIÓXIDO DE CARBONO

Durante a fermentação das matérias-primas amiláceas ou do melaço, liberta-se dióxido de carbono, que liberta também pequenas quantidades de álcool, produtos de fermentação secundários e água do produto, impurezas que constituem $0,5\div1\%$ da quantidade de gás libertado.

A quantidade de dióxido de carbono teoricamente resultante da fermentação representa 48,8% da massa de glucose fermentada, 50,3% da massa de maltose e 54,3% da massa de amido transformado. Se se admitir que o rendimento prático em álcool representa 90% do teórico, resultarão as seguintes quantidades de dióxido de carbono
- a partir de 100 kg de glucose ou frutose 43,9 kg de CO_2 ;
- a partir de 100 kg de maltose ou sacarose 45,5 kg de CO_2 ;
- a partir de 100 kg de amido ou dextrinas 48,9 kg de CO_2 .

A quantidade recuperável de dióxido de carbono depende da matéria-prima utilizada, do processo tecnológico aplicado e do tamanho dos tanques de fermentação. Assim, no processamento de batatas e cereais através do processo descontínuo, o dióxido de carbono é recuperado numa proporção de cerca de 70%, e no processamento de melaço através do processo descontínuo numa proporção de cerca de 50%. No caso da fermentação contínua das polpas, a quantidade recuperada é muito superior.

O dióxido de carbono pode ser processado das seguintes formas:

- por purificação, compressão e, eventualmente, liquefação para o fabrico de refrigerantes gaseificados e noutras indústrias;

- para o fabrico de carbonato de cálcio ou de carbonato de amónio.

O processo tecnológico de purificação, compressão e liquefação do dióxido de carbono é realizado com a ajuda de instalações especiais apresentadas para a fermentação da cerveja.
O dióxido de carbono líquido deve ter uma pureza de pelo menos 98%, não conter mais de 0,1% de água, não conter vestígios de óleo e de outros gases e não ter odores estranhos. É fornecido em garrafas de aço especiais com uma capacidade de carga de 10 e 20 kg, resistentes a pressões elevadas até 100 at.

O dióxido de carbono é também utilizado na indústria de carnes para atordoar os porcos, no fabrico de gelo carbónico (através da evaporação do dióxido de carbono líquido em aparelhos especiais, quando há um forte arrefecimento e solidificação a uma temperatura de $-78,9^0$ C), que é utilizado no transporte de alimentos altamente perecíveis, na indústria metalúrgica na fundição de metais, na indústria de construção de máquinas na soldadura em atmosfera de dióxido de carbono, na medicina, na investigação, etc.

O carbonato de cálcio é obtido nas fábricas de álcool, utilizando como matérias-primas a cal e o dióxido de carbono resultante da fermentação. A cal é extinta com água quente a uma temperatura de $65 \div 70^0$ C, o que permite obter uma temperatura óptima de extinção de $85 \div 90^0$ C, em extintores rotativos, dos quais se obtém um leite de cal com $18 \div 20\%$ s.u. Após a têmpera, o leite de cal é filtrado grosseira e finamente para separar os resíduos (partes insolúveis) e introduzido em recipientes de carbonatação, nos quais o dióxido é introduzido no fundo sob agitação de carvão.

A operação de carbonatação realiza-se a temperaturas de $50 \div 60^0$ C durante $20 \div 60$ minutos, obtendo-se uma suspensão de carbonato de cálcio que é concentrada por filtração a vácuo até 50% s.u. e depois por secagem em túneis até uma humidade final de $0,4 \div 0,6\%$.

Após a secagem, o produto é moído num moinho de discos, embalado em sacos, armazenado e entregue aos beneficiários.

O carbonato de cálcio é fabricado em vários tipos: A, B, C, I, consoante o grau de pureza e o destino. Assim, os tipos A e I são utilizados na indústria cosmética, antibiótica e eletrotécnica, o tipo B na indústria dos plásticos e da borracha e o tipo C, de pureza inferior, destina-se a outras utilizações.

Dependendo do tipo de carbonato de cálcio fabricado, o consumo específico de dióxido de carbono varia entre $1000 \div 3500$ kg/tonelada de produto acabado.

O carbonato de amónio é obtido a partir da reação entre o dióxido de carbono e o amoníaco. Deste modo, teoricamente, podem ser obtidas 2,17 toneladas de carbonato de amónio por uma tonelada de CO2, sendo o rendimento prático de 2 t/t de CO_2 . O carbonato de amónio é utilizado como adição à alimentação animal, no caso de alimentos com baixo teor de proteínas, tendo um elevado coeficiente de assimilação de cerca de 80%.

VIII.2. ÁLCOOL TÉCNICO

O álcool técnico (frentes e caudas) representa a mistura de álcool de cabeças e caudas resultante das instalações de refinação, em que predominam as cabeças. O álcool técnico é utilizado na indústria de vernizes e tintas ou no fabrico de álcool desnaturado.

A composição química da testa inclui:

- álcool etílico 93÷97%

- aldeídos 0,3÷0,5%

- ésteres 0,3÷2,6%

- metanol 0,4÷1,5%

- ácidos orgânicos voláteis 0,07÷0,09%

As cabeças obtidas na refinação podem ser reenviadas para a fermentação ou para a destilação. Ao devolver as cabeças aos alambiques no início da fermentação, a formação de novos subprodutos da fermentação é limitada, o que leva a um aumento do rendimento em álcool, e ao devolvê-las à destilação, o processo de formação de ésteres é abrandado e alguns ácidos passam para o borô.

Na refinação de álcool bruto de cereais e batata em instalações periódicas, a quantidade de cabeças é de 3,5%, e nas contínuas de 2,6% em relação ao álcool absoluto. O processamento do melaço resulta em maiores quantidades de cabeças de 4,2% no caso de instalações periódicas e 3,2% no caso de instalações contínuas [12-20].

VIII.3. ÓLEO DE COMBUSTÍVEL

O óleo fúsel é um produto resultante da refinação do álcool bruto, constituído por impurezas de menor volatilidade, das quais predominam os álcoois superiores: amílico, isoamílico, isobutílico, propílico. Juntamente com os álcoois superiores, encontram-se quantidades menores dos seus ésteres, ácidos orgânicos voláteis e furfural. Para ser fornecido, deve ter uma pureza de pelo menos 85%. É utilizado como solvente, como tal, ou após esterificação com ácidos orgânicos. Na indústria alimentar, os ésteres de álcool amílico e butílico são utilizados para dar sabor a rebuçados.

VIII.4. BORO DE CEREAIS E BATATAS

O mosto de cereais e de batata resultante da destilação das borras fermentadas contém simultaneamente substâncias não fermentáveis provenientes da matéria-prima (celulose, proteínas, pectinas, gorduras, ácidos não voláteis, substâncias minerais), resíduos de amido, dextrinas e, por vezes, mesmo maltose não fermentada, produtos secundários não voláteis da fermentação. alcoólica (glicerina, ácido lático) e células de levedura.

Devido aos nutrientes que contém, especialmente as substâncias azotadas assimiláveis, as papas de cereais e de batata são um alimento valioso. Podem ser utilizadas frescas, enriquecidas com vitaminas ou lactato de amónio, ou sob a forma de borhot seco. Pode também ser utilizada para obter preparações de enzimas fúngicas, levedura para panificação e forragem, alguns antibióticos (biomicina) e cola de chifre.

Através do processamento de cereais e batatas sem pressão, obtém-se uma forragem com um valor alimentar mais elevado do que no caso da cozedura sob pressão, durante a qual ocorrem processos importantes de degradação térmica de algumas substâncias valiosas na forragem. Assim, no caso da utilização do processo de dispersão, o valor forrageiro da chalota aumenta em cerca de 45% e a digestibilidade da substância orgânica em cerca de 24%, em comparação com o processo de cozedura sob pressão.

VIII.5. BORO DE MELAÇO

O mosto de melaço contém substâncias não fermentáveis provenientes do melaço, pequenas quantidades de açúcar residual, produtos da fermentação alcoólica (glicerina, ácidos) e células de levedura.

Embora o valor nutricional do melaço seja superior ao da batata e dos cereais, a sua utilização na alimentação de animais é limitada, devido ao elevado teor de substâncias minerais com ação laxante. Não se recomenda a sua utilização na alimentação de vacas grávidas, porcos e cavalos.

O melaço borhot é utilizado para:

- obtenção de leveduras para panificação e forragem;

- cultura de microrganismos produtores de vitamina B12 (cianocobamida);

- obtenção de betaína e de ácido glutâmico, glicerina;

- obter cola de borhot.

A levedura de padeiro pode ser obtida separando a levedura do melaço de fermentação, lavando-a e prensando-a até 27÷29% s.u. A levedura prensada assim obtida tem um bom poder de fermentação, mas o seu tempo de conservação é baixo. Por este motivo, é conservada por secagem a uma humidade de 7÷7,5% a baixas temperaturas de $40 \div 55^0$ C. Deste modo, é possível obter cerca de 50 kg de levedura com 25% s.u. para uma tonelada de melaço ou 15÷17 kg/m^3 de lamas fermentadas.

A levedura forrageira pode ser obtida quer separando a levedura das borras fermentadas ou do mosto resultante da destilação e utilizando-a sob a forma líquida ou após secagem para a alimentação animal, quer cultivando leveduras atípicas no mosto de melaço misturado com melaço em instalações especiais.

A vitamina B12 é obtida através da cultura submersa, sob agitação e arejamento, de alguns microrganismos na borbulha, resultando em 0,7÷1,1 mg de vitamina B12/l de borbulha e numa biomassa rica em proteínas.

A betaína e o ácido glutâmico podem ser obtidos com a ajuda de permutadores de catiões ou por hidrólise ácida. No primeiro caso, a lama é passada através de uma instalação com permutadores de iões, na qual a betaína é retida na cationite e o ácido glutâmico na anionite, obtendo-se após a regeneração das resinas iónicas cloridrato de betaína e ácido glutâmico, que são concentrados e cristalizados para obter produtos acabados. Pelo segundo método, o borhot é concentrado até 75% s.u. e hidrolisado com ácido clorídrico concentrado durante $30 \div 40$ minutos a $105 \div 106^0$ C. O hidrolisado é purificado, a betaína é concentrada e cristalizada, e do filtrado obtém-se ácido glutâmico ou glutamato de sódio.

IX. TECNOLOGIA DE FABRICO DE LEVEDURA DE PANIFICAÇÃO

A levedura de padeiro representa uma biomassa de células da espécie Saccharomyces cerevisiae (levedura de alta fermentação), biomassa formada por células vivas, capaz de fermentar os açúcares da massa com a formação de álcool etílico e dióxido de carbono, o agente de afrouxamento da massa e outros produtos secundários, com um papel na formação do pão.

O cultivo da levedura Saccharomyces cerevisiae com o objetivo de obter biomassa para a indústria de panificação é um complexo de processos físico-químicos, bioquímicos, termoenergéticos e microbiológicos.

Da produção mundial de levedura prensada, cerca de 88% é utilizada na indústria de panificação, e o restante para a obtenção de isolados proteicos, vitaminas (grupo B) ou enzimas (invertase, desidrogenase, enzimas do complexo zimase), de modo que em diferentes países o consumo médio de levedura é de 1,4÷2,5 kg/habitante e ano.

O principal objetivo da tecnologia de fabrico de levedura de panificação é obter uma quantidade máxima de biomassa de levedura de alta qualidade com um consumo mínimo de meios nutritivos e utilitários. O objetivo é conseguir uma multiplicação óptima das células por brotamento, utilizando culturas periodicamente renovadas, mantendo as condições de desenvolvimento prescritas e tendo em conta o estado fisiológico, a quantidade de levedura do ninho e todos os factores limitantes.

A indústria de levedura de panificação no nosso país conheceu um desenvolvimento extensivo até 1989, tanto através da modernização das fábricas existentes, da melhoria dos índices intensivos e extensivos da utilização de maquinaria, como através do estabelecimento de novas capacidades de produção.

Em 1989, existiam 6 fábricas de levedura em Arad, Bucareste, Oradea, Seini, Tândărei e Bacău. Depois de 1989, três destas fábricas cessaram a sua atividade, a fábrica de Tândărei, definitivamente, ao leiloar a sua própria maquinaria, e as de Oradea e Seini, temporariamente, ao entrarem em conservação.

A partir de 1992, o mercado romeno foi invadido por levedura de padaria importada da Turquia, França, Jugoslávia, Grécia, Bulgária, de modo que, devido à concorrência desleal e à ausência de proteção por parte do Estado, a produção de levedura autóctone diminuiu muito. Atualmente, nenhuma das antigas fábricas do país trabalha com a sua capacidade diária.

Em 1999, foi colocada em funcionamento uma nova fábrica de leveduras em Pascani, com capital totalmente turco, uma fábrica pertencente à empresa PAKMAYA. SC .ROMPAK. TO. A nível mundial, entre as empresas famosas da indústria de leveduras para panificação, podemos citar Pressindustrie - Itália, Vogelbusch e Andritz - Áustria, Pasilac - Dinamarca, Mauri - Austrália, Pakmaya, Akmaya, Safmaya, Ozmaya - Turquia, Liko - República Checa, Lesaffre - França.

Na indústria da levedura de panificação, são utilizados vários esquemas de produção de levedura de panificação, que se distinguem pelo processo tecnológico aplicado (clássico - descontínuo, semi-contínuo, contínuo), pelo modo de utilização da matéria-prima (com ameixas diluídas ou concentradas), pelo número de etapas de multiplicação, pela velocidade de crescimento, pelos parâmetros tecnológicos utilizados (temperatura, pH, quantidade de levedura de sementeira), etc.

Todos os sistemas existentes prevêem a acumulação contínua de biomassa. A nível mundial, os esquemas tecnológicos existentes baseiam-se nos mesmos métodos de cultivo, introduzindo as empresas produtoras de levedura de panificação as suas diferenças específicas em termos de tecnologia ou de equipamento utilizado. Estas diferenças conduzem também à obtenção de leveduras com índices físico-químicos diferentes, característicos de cada empresa produtora.

No nosso país, na maior parte das fábricas de levedura, a levedura de padeiro inclui-se como fase principal:

- preparação de melaços para a cultura de leveduras;

- multiplicação das leveduras nas cinco fases;

- separação das leveduras do meio de cultura;

- filtragem-prensagem da levedura;

- modelação e acondicionamento da levedura de padeiro - produto acabado.

Atualmente, a levedura de padeiro está disponível comercialmente em várias formas diferentes: levedura comprimida (fresca), levedura seca ativa (ADY), levedura seca ativa protegida (PADY) e levedura seca instantânea (IDY).

Atualmente, a necessidade diária de pão no nosso país é de cerca de 1000 toneladas. Para isso, são necessárias 180 toneladas de levedura de padeiro. A capacidade interna de produção é de 120 toneladas por dia (24.000 toneladas por ano), fornecida pelas fábricas de produção de levedura em Arad, Bucareste, Oradea, Seini e Bacău.

Nos EUA, a produção de levedura de padeiro está organizada desde 1868 e está atualmente disponível em várias formas diferentes.

A forma mais popular é a levedura prensada (fresca), que é vendida em embalagens a granel como levedura esfarelada e como levedura para bolos embrulhada em papel encerado. A levedura em formas de bolo é agora utilizada especialmente em fábricas de panificação mais pequenas, porque se encontra em embalagens de 0,5 kg ou 2,5 kg, ou em caixas, para facilitar o processo de pesagem nestas pequenas padarias (laboratórios). Enquanto que a levedura prensada é geralmente utilizada numa suspensão de água fria para facilitar a dosagem em sistemas de dosagem automatizados, a maior parte da levedura de molde é adicionada diretamente à mistura, quer esmigalhada quer em suspensão como um mosto. Este tipo de levedura é facilmente incorporado na massa e começa imediatamente a fermentar os açúcares, mesmo antes de a massa estar completamente amassada.

A levedura para massa com um teor de matéria seca de 18% tem estado disponível na indústria de panificação dos EUA depois de 1980. A instalação inicial de um sistema de fabrico de pasta de levedura pode custar entre $200.000 e $500.000. Armazenada à temperatura recomendada de 2^0 C com uma ligeira agitação no tanque, a pasta de levedura tem um prazo de validade de até 3 semanas.

A levedura seca ativa (ADY) foi criada em 1940 como resposta a necessidades especiais durante a Segunda Guerra Mundial. A levedura seca ativa não necessita de refrigeração, exceto quando tem de ser armazenada durante um período mais longo. Se for embalada sob vácuo ou numa atmosfera inerte, a levedura seca ativa tem um prazo de validade de até 2 anos. Na sua produção, uma estirpe especial de Saccharomyces cerevisiae é combinada com condições de crescimento específicas e um processo de secagem cuidadosamente controlado. A levedura seca ativa tem um teor relativamente baixo de proteínas ($38 \div 42\%$) e um elevado teor de açúcar ($39 \div 47\%$). Para obter bons resultados, a levedura seca ativa deve ser reidratada em água morna antes de ser adicionada à massa. Os fabricantes de levedura recomendam que isto seja feito com $4 \div 6$ partes de água a $38 \div 43°C$, para cada parte de levedura seca ativa durante $5 \div 10$ minutos. Em relação à substância seca, a levedura seca ativa tem uma atividade equivalente a $65 \div 75\%$ da levedura fresca. A razão pela qual a levedura seca se reidrata em água quente é que, durante o processo de secagem, as membranas celulares da levedura podem tornar-se muito porosas. Estas podem ser restauradas mais rapidamente em água quente do que em água fria, o que atrasa o processo de reidratação. A água fria também pode causar a solubilização de até metade dos componentes solúveis nas células de levedura, o que inclui a glutationa. A glutationa solubilizada é um poderoso agente redutor que não só reduz o tempo de amassadura, como também enfraquece a estrutura do glúten na massa. Isto pode levar a uma redução significativa do volume específico do pão.

Uma forma estável de levedura seca ativa (ADY) é a levedura seca ativa protegida (PADY). Este tipo de levedura foi fabricado em 1960 como um ingrediente para misturas com um teor de humidade mais baixo e com adição de oxidantes e emulsionantes. Os emulsionantes facilitam a reidratação da levedura e ajudam assim a reduzir a solubilização dos componentes celulares da levedura. O prazo de validade da levedura seca protegida pode ser até duas vezes superior ao da forma normal não protegida.

Uma outra forma de levedura seca conhecida como levedura seca instantânea (IDY) foi fabricada em 1960. Esta levedura foi o resultado de uma nova estirpe de Saccharomyces cerevisiae com diferentes condições de crescimento e secagem e a adição de emulsionantes. É acondicionada sob vácuo ou em atmosfera inerte e pode ter uma duração de conservação de um ano à temperatura ambiente. Em relação à substância seca, a sua atividade varia de 80 a 90% da levedura fresca. A levedura seca instantânea tem um teor de humidade de 5%. Um teor de proteínas de 43÷44% juntamente com cerca de 40% de hidratos de carbono, não só garante a boa atividade da levedura na massa, mas também tem uma estabilidade muito boa durante o armazenamento em embalagens fechadas. Quando a embalagem é aberta e a levedura seca instantânea é exposta ao oxigénio do ar, o prazo de validade da levedura é reduzido substancialmente. É muito importante que a levedura seca instantânea seja reidratada, quer em água quente (30÷430C), quer adicionando-a à farinha durante o processo de amassadura. As partículas muito finas desta levedura tornam isto possível na maioria das massas. As massas muito secas, como as do pão de baguete, são uma exceção e podem conter humidade insuficiente para reidratar a levedura durante a amassadura. Independentemente do método de adição utilizado, é importante lembrar que a levedura seca instantânea nunca é adicionada à água fria. A solubilização da glutationa das células de levedura durante uma reidratação incorrecta pode resultar num enfraquecimento significativo da estrutura do glúten. Ao mesmo tempo, oferece a vantagem potencial de reduzir o tempo de amassadura da massa.

Para além dos tipos de levedura obtidos, os produtores de levedura nos EUA I fornecem leveduras especiais para produtos específicos, tais como: massas sem açúcar, massas muito doces, aromas (leveduras inactivas) e outros.

Nos Estados Unidos, utilizam-se igualmente outros tipos de leveduras para a preparação do pão. Assim, a cultura microbiana utilizada para produzir o pão de massa fermentada de São Francisco contém uma levedura específica (Saccharomyces exiguus) que, ao contrário da levedura de padeiro, não é capaz de fermentar a maltose. Esta levedura é capaz de coexistir com a bactéria heterofermentativa Lactobacillus San Francisco que produz vários ácidos orgânicos diferentes, para além do ácido lático, a um pH de 3,8÷4,5. Esta levedura especial é um excelente produtor de gás carbónico para o crescimento, mas não tolera o frio tão bem como o Lactobacillus e a levedura de padeiro.

Nos EUA, são utilizados como matéria-prima para o fabrico de leveduras, com exceção do melaço e do pseudomelaço, que são xaropes com composições semelhantes às do melaço, mas com adição de nutrientes e bioestimulantes. Em dezembro de 1981, foi criada a empresa Nutrisearch com o objetivo de utilizar o soro de leite na produção de leveduras e proteínas de panificação.

O fabrico de levedura de panificação na antiga URSS conheceu e conhece um desenvolvimento contínuo através da aplicação de conquistas no domínio da bioenergia e da eliminação de défices nas fábricas de levedura modernas. Assim, a fábrica de levedura na cidade de Kurgansk produz 12.500 toneladas de levedura para panificação por ano, das quais 1.300 toneladas são de levedura seca. Os especialistas da fábrica conceberam uma instalação que purifica as águas residuais, o resíduo é seco e utilizado na alimentação animal.

Desde 1976, junto à fábrica de açúcar Erken-Sahar, funciona uma secção de leveduras que utiliza o processo de multiplicação com ameixas concentradas e produz 8 400 toneladas de leveduras por ano.

A fábrica de levedura em Riga, com uma produção de 8.000 toneladas por ano, apresenta várias peculiaridades no processo tecnológico: utiliza água fria a uma temperatura de 50C no processo tecnológico (preparação do leito de arranque), e a alimentação das linhas é automatizada (doseadores); a água da primeira fase de separação é utilizada para diluir o melaço, tem um teor de 3÷4% de substância seca, o que leva a uma diminuição do consumo de melaço.

A fábrica de levedura em Moscovo produz 22.500 toneladas de levedura por ano, uma média de 66,5 toneladas por dia. Desde 1975, tem vindo a utilizar a tecnologia de fabrico com gesso concentrado.

Na Alemanha, a Norddeutsche, Hefeindustrie Berlin (atualmente Deutsche Hefewerk GmbH) foi uma das maiores empresas desenvolvidas até à Segunda Guerra Mundial. Devido aos acontecimentos durante e após a guerra, a maioria das fábricas sofreu muito. Em 1949, existiam 20 fábricas na Alemanha e, em 1960, o seu número aumentou para 27. Em 1970, existiam 8 fábricas de levedura para panificação na Polónia, uma das quais produzia também levedura seca.

Na Suécia, entre as fábricas de levedura encontra-se também a fábrica de Rotebro, construída em 1976. A fábrica tem uma capacidade de produção de 16.500 toneladas por ano, das quais 5% sob a forma de levedura seca e 95% de levedura comprimida com 28% de substância seca.

As leveduras ocupam um lugar único na longa história da humanidade. Nenhum outro grupo de microrganismos esteve mais intimamente associado ao progresso e ao bem-estar da humanidade do que as leveduras.

Desde a antiguidade que os microrganismos são utilizados, muitas vezes inconscientemente, para a fermentação da massa no fabrico do pão. A maionese azeda é o primeiro preparado de levedura utilizado como meio de soltar a massa e tem a sua origem nos Egípcios (6000 a.C.). Durante muito tempo, a preparação da levedura de padeiro manteve-se nesta fase técnica. Do Egipto, as tecnologias de fabrico do pão foram levadas para a Grécia e daí para a Roma Antiga e o Império Romano.

A utilização de leveduras de cerveja e de vinho e de leveduras provenientes do fabrico de álcool para fins de panificação, leveduras que, desde o século XVIII, resultavam como produtos residuais destas pequenas indústrias, trouxe progressos consideráveis. Com a introdução nas fábricas de cerveja de leveduras de menor fermentação, estas já não podiam ser utilizadas na panificação, quer devido a uma temperatura óptima inferior, quer devido ao maior teor de enzimas proteolíticas que atacam o glúten, o que faz com que o pão não levede. Assim, as fábricas de álcool continuaram a ser a única fonte de levedura para panificação, procurando aumentar o rendimento em levedura em detrimento do rendimento em álcool, mas em quantidades insuficientes para satisfazer a procura crescente. Assim, procuraram-se formas de aumentar as quantidades de levedura alcoólica e surgiram processos mais distintos para o fabrico de levedura para panificação.

O processo mais antigo, que visava o fabrico de levedura prensada, é o chamado processo holandês, utilizado pela primeira vez em Schiedam (Holanda) por volta de 1800. Em 1810, o processo foi também introduzido na Alemanha.

O primeiro passo importante no desenvolvimento da tecnologia da levedura de panificação foi o processo vienense, que surgiu em 1860. Baseava-se na fermentação de pastas viscosas obtidas a partir do malte, do milho e do centeio. Para proteção contra a contaminação, antes da fermentação propriamente dita da levedura, esta era submetida a uma fermentação láctica durante 24÷56 horas a temperaturas entre 50 e 60^0 C. A fermentação, durante a qual se formaram cerca de 15 kg de levedura a partir de 100 kg de matéria-prima (para além de 30÷32 l de álcool), durou 10 horas a 24÷34^0 C. A separação da levedura da polpa foi efectuada através da remoção da espuma, que foi depois lavada várias vezes e depois prensada em filtros-prensa.

A introdução da prensa de alavanca por Tebhenhaff em 1820 foi um passo em frente na formação de levedura prensada para a sua forma comercializável. Em 1867, foi substituída pelo filtro prensa de Dohne, que ainda hoje é utilizado. A primeira máquina contínua de moldagem e porcionamento de levedura foi construída por Simmen em 1878.

A partir de 1880, quando Pasteur descobriu o papel do oxigénio na multiplicação das leveduras (efeito Pasteur), foi introduzido o arejamento das placas, obtendo-se rendimentos mais elevados em leveduras, até 50÷60%. A constatação de que a multiplicação das leveduras se efectua mais rapidamente em placas mais diluídas (cerca de 40 BG) e quando se utiliza uma maior quantidade de ninho de levedura também contribuiu para a sua melhoria.

Howman utilizou em Inglaterra, em 1896, um sistema de arejamento, à escala industrial, na linha de fermentação para a produção de levedura. Os cereais eram a base da matéria-prima e o rendimento aumentou de 10÷13 kg para 20 kg de levedura prensada por 100 kg de matéria-prima com uma diminuição da produção de álcool de 28÷30% para 20÷21%. No final do século, a matéria-prima para a produção de levedura era constituída por cerca de 50-55% de milho, 25-30% de malte verde e 10-15% de germes de malte. Desde 1895, foram feitos esforços, principalmente na Áustria, para substituir os hidratos de carbono caros dos cereais pelo açúcar mais barato do melaço. Através de diluições avançadas do melaço, correção do pH, adição de nutrientes, grandes quantidades de ninho de levedura, bem como através de um arejamento intenso do ambiente, foram alcançados rendimentos elevados de levedura comprimida de cerca de 10% em relação ao melaço, sem que no meio se formasse álcool etílico. Este processo, conhecido como processo de arejamento e alimentação contínua, é ainda hoje utilizado no fabrico de levedura de padeiro.

Com a utilização exclusiva do melaço, a partir de 1925, no fabrico da levedura de padeiro, colocaram-se problemas de fornecimento de azoto à levedura que, até então, não tinham sido objeto de qualquer atenção ou apenas de uma atenção muito reduzida. O procedimento de Wohl e Scherdel representou um avanço importante, pois propunha que, ao cultivar a levedura na escória do melaço, 10-50% do azoto orgânico deveria ser substituído por azoto inorgânico. Isto também oferecia a possibilidade de facilitar o equilíbrio das adições de azoto.

Outro passo importante no desenvolvimento da tecnologia da levedura de panificação foi a introdução de separadores centrífugos para a separação económica da levedura do seu meio de cultura. Durante muito tempo, as borras amassadas eram bombeadas para as chamadas caldeiras de clarificação, onde a levedura tinha de assentar e de onde era separada por decantação das borras alcoólicas ou da água de lavagem, para depois ser levada para o filtro prensa. No início, eram utilizados separadores com funcionamento periódico (1892, Copenhaga), depois substituídos por separadores centrífugos com funcionamento contínuo, produzidos pela Westfalia e pela Alfa-Laval. Também para a clarificação do melaço, que até então era feita por decantação, foram fabricados separadores para clarificação, com evacuação contínua ou periódica e automática das lamas separadas.

A necessidade de aumentar a estabilidade da levedura ao longo do tempo levou ao desenvolvimento gradual da levedura seca ativa. Uma levedura seca inferior era conhecida antes de 1900, e a levedura seca de padeiro chamada ``Florylin" estava disponível comercialmente na Alemanha depois de 1918, mas os esforços concentrados para produzir um produto aceitável em grande escala não foram feitos até depois de 1920.

A boa levedura seca foi fabricada na Austrália no início dos anos 40, mas grandes quantidades foram fabricadas na América do Norte durante a Segunda Guerra Mundial. Mais tarde, foram gradualmente introduzidas melhorias, mas a levedura seca não substituiu completamente a utilização de levedura comprimida (húmida).

Para além da utilização na panificação, as leveduras são utilizadas para a produção à escala industrial de proteínas, aminoácidos, vitaminas, enzimas, atualmente introduzidas na alimentação animal,

Em muitos países do mundo, as leveduras de panificação são consideradas as matérias-primas mais económicas e úteis para a produção de extractos proteicos com elevada concentração de proteínas. Nos últimos anos, tem havido uma tendência para aumentar a produção de levedura de padeiro para obter proteínas alimentares, porque os seus indicadores organolépticos estão próximos dos indicadores das proteínas dos extractos de carne. De acordo com os cálculos do Instituto Alimentar AMH da Rússia, a necessidade de uma pessoa em levedura é de 2 kg por ano. De acordo com os dados para o ano de 1985, as necessidades de levedura para uma pessoa foram: na Finlândia - 2,5 kg, Inglaterra - 1,8 kg, EUA - 1,4 kg, antiga URSS - 1,49 kg.

Atualmente, graças aos conhecimentos no domínio da genética, foram lançadas as bases para o melhoramento das leveduras industriais e os métodos práticos para melhorar as suas qualidades, induzindo, identificando, isolando e caracterizando mutantes e linhas com propriedades biológicas e económicas superiores, obtendo híbridos e recombinações através de técnicas de engenharia genética e fusão de protoplastos, abriram amplas perspectivas para o melhoramento das leveduras industriais, facilitando a obtenção de híbridos intra-específicos, interespecíficos e intergenéticos, ultrapassando as barreiras sexuais e eliminando a incompatibilidade genética.

Nos últimos anos, na indústria da levedura de panificação, foram feitos progressos significativos que contribuíram para a melhoria dos rendimentos de fabrico, da qualidade da levedura e, implicitamente, para a melhoria da eficiência económica da produção de levedura.

As preocupações de investigação neste importante domínio da indústria alimentar têm sido orientadas, em particular, nas seguintes direcções principais:

- a seleção de estirpes de leveduras com propriedades qualitativas superiores;

- melhoria do ambiente de cultivo da levedura;

- melhoria das tecnologias de fabrico;

- aperfeiçoar o funcionamento dos equipamentos tecnológicos.

Na indústria de panificação, a qualidade da levedura depende da rapidez com que ela se adapta às condições da massa e, sobretudo, à produção de malte. Entre os hidratos de carbono existentes na massa ou formados como resultado da hidrólise do amido sob a ação da α e β-amilase presentes na farinha (ou de fontes exógenas), existe uma diferença na sequência de absorção e fermentação. Assim, as hexoses (glucose) são absorvidas mais rapidamente, depois a sacarose e a maltose.

A célula de levedura absorve facilmente as hexoses que atravessam a membrana citoplasmática da célula por simples difusão, se existir um gradiente de concentração entre a sua concentração fora da célula, e por translocação em grupo dos ésteres fosfóricos das hexoses através das hexoquinases.

A sacarose é hidrolisada fora da membrana citoplasmática, na região da parede celular onde se encontra a invertase e é absorvida com uma velocidade equivalente à das hexoses a partir das quais é formada, respetivamente a glicose e a frutose, hidratos de carbono diretamente fermentáveis. A fermentação sucessiva explica-se pela adaptação progressiva da célula, pela indução de enzimas adaptativas, à medida que as hexoses se esgotam no ambiente.

A maltose, principal diglucose presente na massa, só é fermentada após um período de indução necessário para a formação da enzima maltase (α-glucosidase). A maltose e a maltotriose entram na célula de levedura sob a influência de permeases específicas induzidas na sua presença, enzimas que actuam como sistemas de transporte ativo.

Depois de penetrar no interior da célula, a maltose, sob a ação de uma α-glucosidase induzida, é hidrolisada em glucose (2 moles) e tem lugar uma fermentação rápida.

Harris especifica a existência de cinco genes distintos, responsáveis pela formação da α-glucosidase e pela fermentação da maltose por Saccharomyces cerevisiae. O metabolismo da maltose está sob o controlo de 5 genes complexos MAL, de modo que os genes reguladores da maltase e da permease da maltose actuam para produzir a fermentação da maltose. Ambas as enzimas são induzidas pela maltose e são metabolicamente reprimidas pela glucose. Assim, a adição de glicose pode levar ao início dos seguintes efeitos: diminuição da atividade enzimática, inativação da maltase ou repressão catabólica da síntese enzimática.

O controlo da fermentação da maltose é realizado através de dois mecanismos diferentes, nomeadamente através da transcrição, quando a informação genética é transmitida pelo gene estrutural através do ácido ribonucleico mensageiro que depois realiza a tradução. Como resultado, ocorre a regulação genética da biossíntese de enzimas adaptativas, nomeadamente a maltose permease e a maltase (α-glucosidase).

Uma boa levedura de panificação deve ter um tempo de indução tão curto quanto possível para a síntese da maltase e da maltose permease. A capacidade de maltase perde a sua importância nas massas preparadas com adição de sacarose ou de xaropes de amido. Durante a conservação da levedura de padeiro, a sua capacidade de fermentar a maltose diminui muito mais do que a de fermentar a glucose. O sal inibe a fermentação da maltose mais do que a de outros hidratos de carbono, assim como a multiplicação das leveduras da espécie Saccharomyces cerevisiae [20-22].

No nosso país, a tecnologia de obtenção da levedura de panificação fornece como matéria-prima o melaço, rico em sacarose diglucose. Ao utilizá-lo na panificação, a levedura passa de um meio de cultura rico em sacarose, para um meio específico de massa rico em maltose. É por isso que é muito importante obter leveduras com uma atividade maltase superior, reduzindo o período de indução e estimulando a velocidade de fermentação da maltose que se forma na massa sob a ação das enzimas amilolíticas da farinha.

IX.1. PREPARAÇÃO DO MELAÇO PARA A MULTIPLICAÇÃO DE LEVEDURAS

Para transformar o melaço num meio favorável à multiplicação da levedura, são necessárias as mesmas operações preparatórias que para o fabrico do álcool a partir do melaço, nomeadamente:

- diluição do melaço;

- acidulação;

- limpeza e esterilização.

IX.1.1. Diluição do melaço

O melaço introduzido na produção é primeiramente pesado para determinar o consumo específico e os rendimentos na levedura, após o que se efectua a operação de diluição.

A diluição do melaço durante a produção de levedura é efectuada em duas fases:

- a diluição inicial até 600 Bllg para aumentar a fluidez, o que permitirá o livre escoamento do melaço através dos tubos e favorecerá a sedimentação das impurezas mecânicas em suspensão durante a operação de clarificação;

- a diluição final para a concentração correspondente à respectiva fase de multiplicação da levedura.

IX.1.2. Acidificação do melaço

Após a diluição do melaço, procede-se à acidificação, geralmente com ácido sulfúrico, até um pH final de 4,5÷5. O ácido sulfúrico adicionado contribui para a clarificação do melaço e, ao mesmo tempo, liberta os ácidos orgânicos dos seus sais. Através da acidez que cria nos pulmões, o ácido sulfúrico protege a levedura durante a multiplicação contra a contaminação por microrganismos estranhos, pelo que não é necessário trabalhar em condições de pureza absoluta.

A acidificação dos fígados é diferenciada de acordo com a fase de multiplicação da levedura. Assim, nas três primeiras fases da multiplicação da levedura, a acidez é muito mais elevada do que nas duas últimas fases, a fim de evitar a contaminação.

Outros ácidos, como o ácido fosfórico, o ácido lático, etc., podem ser utilizados para corrigir o pH das plumas de melaço provenientes de diferentes fases de multiplicação.

IX.1.3. Clarificação e esterilização do melaço

A operação de clarificação do melaço é absolutamente necessária para remover suspensões e substâncias coloidais que são prejudiciais ao desenvolvimento da levedura e levam ao fechamento da cor da levedura - produto acabado.

Para a clarificação do melaço, são utilizados na prática vários processos: clarificação por sedimentação; clarificação por centrifugação; clarificação por filtração.

A clarificação do melaço por sedimentação efectua-se por aquecimento até à ebulição e mantendo o melaço assim tratado para uma decantação natural. O processo de clarificação por sedimentação representa o processo clássico de clarificação do melaço, que se efectua a quente ou a frio em vasos de clarificação, adicionando ácido sulfúrico e borbulhando ar comprimido. É um dos processos mais eficazes de clarificação do melaço porque, sob a ação dos iões H^+ do ácido sulfúrico, ocorre a coagulação das substâncias coloidais carregadas negativamente e, por conseguinte, a sua eliminação do melaço. Além disso, o ácido sulfúrico liberta dos seus sais ácidos voláteis nocivos à multiplicação das leveduras, que podem ser eliminados por fervura e arejamento. Sob a ação do ácido sulfúrico, dá-se a decomposição dos nitritos, tóxicos para as leveduras, em dióxido de azoto, que é depois eliminado por fervura e arejamento do melaço. Além disso, a inversão de uma parte da sacarose ocorre em meio ácido, formando glicose e frutose diretamente assimiláveis, o que acelera a multiplicação da levedura.

Se o melaço for de boa qualidade, pode ser aplicado o processo de clarificação a frio com ácido sulfúrico, que dura 8÷10 horas. O processo de clarificação por sedimentação tem a desvantagem de uma menor produtividade e de grandes espaços para a clarificação, porque para cada linha de multiplicação de leveduras nas fases III, IV e V, é necessário um recipiente de clarificação com uma capacidade de $10 \div 15 m^3$.

Atualmente, é preferível a aplicação de técnicas contínuas de limpeza e esterilização do melaço num processo totalmente automatizado. Para este efeito, são utilizados separadores centrífugos e permutadores de placas, conseguindo-se uma purificação do melaço até 95%.

Os métodos e instalações de limpeza e esterilização mais conhecidos continuam a ser designados por Westfalia e Alfa-Laval, segundo o nome das empresas produtoras.

Na fábrica de Westfalia, o melaço é previamente ligeiramente acidificado com ácido sulfúrico, diluído com água quente e pré-aquecido a 55^0 C. Num permutador de calor de placas, o melaço é aquecido e mantido a uma temperatura constante de 140^0 C com a ajuda de um circuito de regulação. O melaço passa pela zona de manutenção da temperatura durante 6 segundos, chegando depois a um recipiente de retenção onde é arrefecido a 15^0 C. De seguida, passa para o separador centrífugo. A remoção das lamas do separador centrífugo é efectuada automaticamente por um comando de dispositivo e válvulas magnéticas. Durante a remoção das lamas, o fornecimento de melaço ao separador é interrompido.

A instalação - Alvotherm - da empresa Alfa-Laval visa assegurar a esterilização do melaço a 120^0 C por aquecimento indireto com vapor, mantendo-o a esta temperatura durante 10 segundos e recuperando a maior parte da energia térmica consumida.

Nalguns países, são utilizados filtros Schenck, filtros kieselguhr para clarificar o melaço, obtendo-se elevados rendimentos em biomassa e um produto de cor mais clara.

IX.1.4. Adição de nutrientes

As leveduras necessitam, para o seu crescimento, multiplicação e manutenção das actividades biológicas, da presença no meio de cultura de nutrientes que contenham, por um lado, elementos químicos necessários à síntese dos constituintes celulares, à atividade das enzimas e dos sistemas de transporte e, por outro, que lhes forneçam as substâncias necessárias à produção de energia biologicamente útil.

Zarnea et al. [12] considera que um meio de cultura pode ser definido como um suporte nutritivo esterilizado, que permite o desenvolvimento e o estudo de um microrganismo fora do seu nicho ecológico natural. Fiechter [13,15] mostra que a conceção sistemática de meios de cultura pode ser efectuada em seis fases:

- a seleção dos componentes e a forma como são apresentados no ambiente;

- preparação do ambiente;

- diagrama preliminar (concentração de biomassa e de substrato em função da diluição);

- determinando as constantes de saturação e de inibição para a fonte de carbono;

- otimização do ambiente;

- a utilização da técnica do quimiostato no caso da utilização do ambiente com a composição óptima.

Para estimar os microelementos necessários ao desenvolvimento das leveduras, podem ser utilizados os dados apresentados na literatura sobre as necessidades nutricionais dos microrganismos. Embora as receitas ambientais também sejam apresentadas em obras especializadas, a utilização destas receitas deve ser feita com muita cautela, e as receitas em ambiente industrial representam segredos de fabrico.

Um aspeto muito importante que deve ser tido em conta durante o processo de conceção e otimização dos meios de cultura são os requisitos técnico-económicos, uma vez que o preço das matérias-primas representa $10 \div 60\%$ do custo de produção.

Uma vez que só podem utilizar a energia libertada através de reacções químicas oxidativas, as leveduras pertencem ao tipo de nutrição quimiotrófica e heterotrófica, no sentido em que só podem sintetizar as suas próprias substâncias a partir de substâncias orgânicas que podem decompor em produtos simples que podem ser utilizados no seu metabolismo. A partir destes compostos, obtêm os seus esqueletos de carbono necessários para a síntese dos constituintes celulares e a energia necessária para permitir o início das reacções de biossíntese [10].

Nutrição em hidrocarbonetos. O carbono representa cerca de 50% de todos os compostos orgânicos, pelo que a necessidade de compostos de hidrocarbonetos é muito elevada. A principal fonte de energia e de carbono para a levedura é representada pelos hidratos de carbono. A natureza e a concentração óptima diferem do tipo de levedura e das características do processo tecnológico. As leveduras desenvolvem-se em meios que contêm hexoses (D-glucose, D-manose e D-frutose). A D-galactose só é fermentada em caso de adaptações especiais das leveduras. As pentoses não são metabolizadas pela levedura de panificação.

A lactose não é consumida pela levedura de padeiro. A melibiose é assimilada pelas leveduras da espécie Saccharomyces uvarum, mas não pelas da espécie Saccharomyces cerevisiae, constituindo assim um teste para a diferenciação das duas espécies.

No que diz respeito às concentrações óptimas de hexoses, em condições industriais, em função do objetivo de utilização e da tecnologia aplicada, foram estabelecidos limites bem definidos. Assim, para a levedura de padeiro, utilizam-se meios com concentrações de hidratos de carbono fermentáveis de cerca de 2%, no caso de se utilizar a tecnologia clássica, e até 10% na aplicação a processos com arejamento intensivo. Quando a concentração diminui, aumenta o perigo de contaminação, respetivamente de assimilação dos hidratos de carbono por outros microrganismos presentes no meio. Concentrações elevadas de hidratos de carbono no meio impedem a multiplicação de leveduras do género Saccharomyces. Assim, em concentrações superiores a 20%, ocorrem fenómenos de plasmólise devido a uma pressão osmótica demasiado elevada no meio.

A assimilação dos hidratos de carbono depende, para além da concentração, da temperatura, do pH, da quantidade de células presentes no meio e de outros factores.

No início de cada fase de crescimento, na produção industrial de levedura de panificação, a trealose (as leveduras de panificação contêm até 14% de trealose) é rapidamente e quase completamente metabolizada, mas é ressintetizada na última parte da fase de crescimento [4,6]. Esta mobilização rápida da reserva de hidratos de carbono pode levar à acumulação de uma reserva de energia que será utilizada na fase lag, quando as células se preparam para a divisão. A trealose é especificamente hidrolisada pela trealase, que é uma α-glucosidase.

As leveduras da espécie Saccharomyces cerevisiae podem assimilar o etanol e os produtos de oxidação do etanol, o acetaldeído e o ácido acético, bem como a glicerina e o ácido lático [23-25].

Sendo facultativamente anaeróbicas, as leveduras de panificação são dotadas de mecanismos de troca anaeróbicos e aeróbicos. A direção da troca de hidratos de carbono nas células de levedura depende não só da presença ou ausência de arejamento, mas também da concentração e do tipo de fontes de hidratos de carbono. Em condições aeróbias, quando se cresce em meios que contêm glucose (bem como frutose e sacarose) numa quantidade superior a 5 g/l, observa-se uma glicólise intensa, a chamada fermentação aeróbica ou efeito Crabtree. Através da fermentação aeróbica, as enzimas do ciclo do ácido tricarboxílico são interrompidas (repressão catabólica) e o etanol acumula-se no meio nutriente. Após a diminuição da concentração de hidratos de carbono no meio nutriente, as enzimas respiratórias são activadas e as células passam para o metabolismo oxidativo durante o qual a levedura assimila o álcool formado. Inicia-se a segunda fase logarítmica do crescimento.

A direção do metabolismo influencia a composição das células de levedura, especialmente o conteúdo da série de metabolitos que participam nas reacções importantes da célula. Ao aumentar o teor de hidratos de carbono no meio nutritivo, a quantidade de aminoácidos livres na célula diminui, no entanto, a alteração é muito mais brusca em meios com glucose. Ao mesmo tempo, são activadas as enzimas que participam na troca anaeróbia de hidratos de carbono, a piruvato descarboxilase e a álcool desidrogenase.

Quando a levedura cresce em galactose, os processos de respiração e fermentação ocorrem ao mesmo tempo, no entanto, ao aumentar o conteúdo de galactose no meio nutriente, a respiração é intensificada e a fermentação é interrompida até certo ponto. O tipo de fonte de carbono exerce uma influência sobre a concentração e o conteúdo de diferentes metabolitos.

A diferença substancial entre as leveduras cultivadas em meio de etanol é evidente: um teor de proteínas mais elevado do que o das leveduras cultivadas em meios nutritivos de melaço, mais aminoácidos livres. Foram também descobertas algumas diferenças nas fracções de péptidos: nas leveduras cultivadas em meio de etanol, a fração de péptidos contém mais cistina e menos ácidos diaminocarboxílicos do que nas leveduras cultivadas em meio de glucose. As leveduras cultivadas em etanol são mais ricas em ergosterol do que as leveduras cultivadas em meio de hidratos de carbono, o que explica o metabolismo aeróbico quando as leveduras crescem em etanol [9].

As proteínas da levedura podem ser separadas em várias fracções. As duas primeiras fracções representam proteínas do tipo das albuminas, globulinas e parcialmente nucleoproteínas, enquanto que a 3ª e 4ª fracções representam proteínas pouco solúveis.

Na levedura Saccharomyces cerevisiae, predominam as fracções proteicas 1 e 2. O tipo e a concentração da fonte de carbono no meio nutriente exercem uma influência no espetro proteico das fracções de levedura.

A alteração da composição do meio nutritivo ou o aumento do arejamento influenciam a direção e a velocidade dos principais processos bioquímicos da célula e determinam não só a atividade geral das enzimas, mas também a presença e a atividade de enzimas separadas. O tipo e a concentração da fonte de carbono no meio nutritivo determinam a atividade das enzimas da glicólise, o ciclo dos ácidos tricarboxílicos e as enzimas que participam na glicogénese. Por exemplo, a glicose é um repressor catabólico da atividade das enzimas do ciclo glioxálico: malato sintetase, isocitrato liase, malato desidrogenase. A frutose-1,6-difosfatase, que se origina nas células de levedura apenas após a remoção da glucose do meio nutriente, mostra uma sensibilidade particular à presença de glucose no meio nutriente. Quando se cultivam leveduras em meios não fermentativos (etanol, lactato), a adição de glucose ao meio nutriente provoca a inativação rápida e total da frutose-1,6-difosfatase.

Entre as enzimas que participam nos processos respiratórios da célula de levedura, a mais sensível à repressão catabólica é a citocromo-c-oxidase (a concentrações de glucose de 0,1%). À medida que a glicose é consumida, a atividade das enzimas do ciclo glioxálico é restaurada.

A nutrição azotada tem um papel importante no metabolismo das leveduras, sendo o azoto o elemento principal na composição das proteínas e das enzimas [26-29].

As leveduras apresentam uma certa particularidade na nutrição azotada porque produzem enzimas proteolíticas intracelulares, enzimas com moléculas grandes e endógenas, pelo que as leveduras não podem utilizar as proteínas na nutrição azotada.

Estas enzimas proteolíticas tornam-se activas quando a célula de levedura é privada de um ambiente nutritivo, actuando sobre os compostos celulares produzindo a autólise da célula de levedura e, finalmente, a morte da célula [10].

Para a Saccharomyces cerevisiae, os sais de amónio inorgânicos constituem uma boa fonte de azoto, assegurando um crescimento celular normal e a biossíntese de todos os compostos azotados. A maioria dos aminoácidos naturais, com exceção do ácido aspártico, da asparagina, do ácido glutâmico e da glutamina, são assimilados pela Saccharomyces cerevisiae muito mais lentamente do que os iões de amónio, embora as células de levedura contenham permeases para os aminoácidos. O transporte de aminoácidos realiza-se da mesma forma que o dos hidratos de carbono, por absorção e difusão até um nível que não excede a sua concentração no ambiente; acima deste nível, o transporte é efectuado com a ajuda de transportadores especializados. Existem dados na literatura que mostram que o azoto do ácido aspártico e da asparagina é assimilado duas vezes mais rapidamente do que o azoto amoniacal, e o ácido glutâmico é assimilado depois do ião amónio [1].

Os aminoácidos na célula de levedura estão sujeitos a desaminação e transaminação, no entanto, não está excluída a possibilidade de alguns deles serem utilizados diretamente na síntese de proteínas. Ao cultivar a levedura de padeiro em meios sem biotina (a fonte de carbono e glucose), ao adicionar ácido aspártico ao meio nutriente, o crescimento da levedura aumenta consideravelmente. O efeito estimulante máximo foi observado com a adição simultânea de ácido aspártico e ácidos gordos insaturados. A adição de ácido aspártico pode compensar parcialmente a deficiência de biotina.

Ao cultivar a levedura Saccharomyces cerevisiae em meios com etanol como fonte de carbono, a biomassa resultante aumenta se for adicionada uma quantidade de 0,075% de ácido glutâmico ao meio nutriente. Está provado que o ácido glutâmico favorece a utilização do etanol na biossíntese. A glutationa exerce também uma influência estimulante do crescimento, juntamente com o ácido glutâmico. A influência favorável dos aminoácidos indicados manifesta-se apenas nos casos em que são adicionados ao meio nutritivo no início do processo de cultivo [4].

A Saccharomyces cerevisiae não pode assimilar os β-aminoácidos, como a β-alanina e o ácido β-aminobutírico. A β-alanina, embora não possa ser utilizada como fonte de azoto, é um fator de crescimento e, quando adicionada em pequenas quantidades, pode aumentar o crescimento da levedura na presença de uma fonte de azoto assimilável.

A presença de aminoácidos em quantidades excessivas exerce efeitos tóxicos sobre as leveduras. Assim, Middelhoven [7] cita o caso da cisteína em concentrações superiores a 25 mg-dm-3. Lewis e Phaff estudaram os fenómenos de eliminação das substâncias azotadas da levedura para o meio ambiente, designando o fenómeno por "excretion soc". Ao fazer uma suspensão de levedura numa solução de glucose, os aminoácidos são rapidamente removidos, sendo depois lentamente absorvidos em duas ou três horas. A quantidade depende da estirpe de levedura, do teor de aminoácidos intracelulares e da temperatura. Concluiu-se que este choque é o resultado da troca de substâncias na célula para o fluxo contínuo de hidratos de carbono fermentáveis através da membrana celular.

Comparando a influência de diferentes sais de amónio no crescimento de leveduras, Pirshle [3] descobriu que o fosfato de amónio dibásico utilizado como fonte de azoto provoca um crescimento eficiente da levedura de padeiro. As fontes igualmente boas incluem o fosfato de amónio mono e tribásico, o sulfato de amónio, o bicarbonato, o acetato, o lactato e o tartarato, enquanto que o cloreto de amónio demonstrou ser inferior como fonte de azoto [1]

Verificou-se que o azoto amoniacal livre, dependendo da concentração, tem um efeito limitador na taxa de fermentação da levedura e na taxa de crescimento. Por outro lado, o ião amónio influencia a taxa de produção de álcool, sendo a sua influência condicionada pela sua relação com o ião fosfato [10].

As leveduras não podem assimilar os nitratos (que podem ter um efeito inibidor na multiplicação), e os nitritos têm um efeito tóxico e impedem o desenvolvimento das leveduras. Num meio com um teor de nitritos de 0,0005%, a germinação normal das leveduras é inibida. O teor de nitritos de 0,004% inibe a multiplicação de leveduras de cultura em 50%, e na quantidade de 0,02%, o brotamento é reduzido. Os nitritos alteram a morfologia celular, atrasam a respiração, inibem a multiplicação e a atividade fermentativa. A sua sensibilidade é maior na fase lag do crescimento. Foram efectuados estudos que demonstraram que se a concentração de nitritos no meio diminuir durante a multiplicação das leveduras de 0,004% para 0,002%, o rendimento em leveduras aumenta $8 \div 10\%$, e a concentrações de 0,001% aumenta $17 \div 21\%$. Kauzman mostra que uma concentração de 0,01% de NO_2 reduz o rendimento e o poder de fermentação das leveduras.

Nutrição mineral. É um processo fisiológico através do qual os microrganismos retiram do meio ambiente substâncias minerais que entram na constituição dos compostos celulares. Os diferentes elementos necessários para a nutrição mineral estão incluídos na estrutura de metaloenzimas, pigmentos e algumas vitaminas e são necessários em quantidades muito pequenas. Em doses demasiado elevadas, as substâncias minerais podem produzir efeitos tóxicos [10].

Um quadro geral sobre o efeito da concentração óptima de iões no equipamento enzimático e o papel estrutural das leveduras é amplamente apresentado por Soumalainen e Oura [11], James [13, 15, 30].

O desempenho das leveduras é dramaticamente influenciado por alterações na concentração limite de iões, por vezes em intervalos muito estreitos. A concentração óptima para cada tipo de ião não pode ser definida individualmente. De facto, a variação de alguns iões seleccionados pode produzir efeitos estimulantes ou inibidores, dependendo da concentração de outros iões ou nutrientes.

A tentativa de otimizar os meios de fermentação, manipulando a sua composição iónica, requer um conhecimento mais profundo das interacções físico-químicas, nas quais estão envolvidos tanto os iões e as suas soluções como a funcionalidade da membrana celular.

O fósforo é um elemento necessário tanto para o crescimento das leveduras como para a fermentação, representando, sob a forma de óxidos, quase 50% das cinzas da levedura.

Entre todas as substâncias minerais, os fosfatos são os mais importantes (Markham, 1967). São consumidos para o desenvolvimento e, em caso de excesso, são armazenados nas células, podendo ser reutilizados em caso de falta de fósforo no ambiente, continuando a levedura a desenvolver-se. O fósforo participa na transmissão de energia nas células da levedura através do ATP e do ADP, sendo o seu papel destacado no metabolismo dos hidratos de carbono.

O enxofre que está incluído na composição dos aminoácidos com enxofre é absorvido pelas leveduras a partir do sulfato inorgânico, que pode ser parcial ou totalmente substituído por outros compostos inorgânicos ou orgânicos com enxofre. A maioria das espécies de Saccharomyces apresenta um bom crescimento quando o sulfato é substituído por sulfito ou tiossulfato. No entanto, não são capazes de utilizar aminoácidos com enxofre, como a cisteína ou a cistina, como fontes de enxofre. A absorção de sulfato requer energia e tanto a glucose como os nutrientes azotados devem estar presentes no ambiente. A intensidade do arejamento na cultura de Saccharomyces cerevisiae influencia a sua capacidade de utilizar diferentes fontes de enxofre. O aumento do arejamento e a diminuição da nutrição durante a propagação industrial da levedura de padeiro conduzem a uma diminuição do teor total de enxofre nas células. Kotyk [31] provou que a absorção de enxofre ocorre com a mesma intensidade em ambos os casos de aerobiose e anaerobiose.

O potássio, um elemento do grupo dos metais alcalinos, é necessário às leveduras tanto para o crescimento como para a fermentação. A absorção do ião K é facilitada pela absorção de glicose; quando esta é consumida, os iões K tornam-se intransportáveis. Quando os iões K estão ausentes do ambiente, o fósforo deixa de poder ser absorvido. O potássio desempenha um papel fundamental na regulação do transporte de catiões bivalentes, na produção de células e na taxa de fermentação. Observou-se que as necessidades de potássio das leveduras aumentam com a taxa de crescimento. O potássio encontra-se em quantidades de 2,4÷2,8% na levedura (K_2 O em s.u.). No melaço normal, o potássio expresso em K_2 O encontra-se numa proporção de 2,5÷4,5%. Os melaços com um teor inferior a 2,5% de K_2 O têm uma influência negativa na conservação da levedura.

O magnésio é considerado um fator de crescimento necessário para as leveduras, sendo um ativador da transfosfatase, da enolase e da carboxilase. Quando o crescimento das leveduras foi limitado pelo magnésio, o rendimento das células diminuiu, e na composição proteica observou-se uma diminuição do conteúdo de lisina e ácido glutâmico. Além disso, é atribuído ao magnésio um papel na redução da atividade de fermentação. Em geral, os melaços são deficientes em magnésio, o que deve ser assegurado aquando da preparação das ameixas através da adição de alguns sais de magnésio. Na literatura especializada, são mencionadas como óptimas as seguintes quantidades de azoto, fósforo e magnésio, que são adicionadas sob a forma de soluções durante o processamento do melaço [32]:

Azoto (N_2) 1,6÷1,8% em relação à massa de melaço;

Fósforo (P O_{25}) 0,6÷0,8% em relação à massa de melaço;

Magnésio (MgO) 0,1÷0,15% em relação à massa de melaço.

O cálcio, embora aparentemente não seja essencial para o crescimento das células de levedura, estimula o crescimento e a fermentação. Presente sob a forma de cloreto no meio de cultura, em concentrações de 25÷50 mg-dm^{-3} , pode estimular a multiplicação da levedura Saccharomyces cerevisiae.

O lítio inibe a fermentação alcoólica, mas estimula a multiplicação das leveduras em doses até 3mg-dm-3 de meio.

O boro estimula a atividade do complexo zimase, especialmente da fosfatase alcalina, mas bloqueia a atividade da fosfatase ácida.

O flúor pode estar presente em ambientes com sais de fósforo e é inevitavelmente trazido com eles para o ambiente de cultura. A presença permanente de flúor no meio leva à adaptação da levedura a este elemento. De acordo com os dados de especialistas polacos, as leveduras são capazes de assimilar o flúor até uma concentração de 10÷30 mg/kg sem uma influência visível na taxa de crescimento. O NaF na quantidade de 20 mg-dm^{-3} no ambiente inibe a atividade vital da levedura.

O alumínio numa concentração de 0,01÷-0,1 mg-dm^{-3} contribui para a síntese de ARN nas leveduras. O alumínio é tóxico, inibindo a atividade das leveduras a concentrações de 54 mg-dm^{-3} e tem um efeito letal a 540 mg-dm^{-3} (em soluções de $Al_2 SO_3$).

O ferro faz parte de muitas metaloenzimas, como a succinato desidrogenase, a catalase e outras. Possuindo uma valência variável, participa ativamente nas reacções de oxidação-redução. Na ausência de iões de ferro, a levedura não se desenvolve, no entanto, concentrações elevadas de ferro são tóxicas. O teor admissível de ferro no ambiente é de 20 mg/dm^3 . O ferro entra no meio de cultura com o melaço e outros componentes em quantidade suficiente para a biossíntese celular.

O cobre tem uma valência variável e, enquanto transportador de iões, participa em reacções redox. O cobre estimula a atividade do complexo zimase e, em menor grau, a atividade da maltase.

O cobre está incluído na composição de muitas oxidoredutases, numa concentração de $0,01 \div 0,25$ mg-dm^{-3} contribui para a multiplicação da levedura. Concentrações mais elevadas inibem a atividade vital da levedura, em concentrações de 50 mg-dm^{-3} produz a inativação fisiológica da célula.

O zinco faz parte de muitas metaloenzimas. Por exemplo, a molécula de gliceraldeído fosfato desidrogenase contém 2 átomos de zinco, as moléculas de álcool desidrogenase e piruvato quinase contêm 4 átomos de zinco. O zinco acelera a atividade das enzimas do complexo zimase e da maltase, melhora o poder de crescimento das leveduras. Desempenha um papel importante no metabolismo celular e numa concentração de 0,2 mg-dm^{-3} acelera a atividade vital da levedura. O teor de zinco de 130 mg-dm^{-3} pára a multiplicação [33-35].

O melaço contém geralmente a maior parte dos factores (sacarose, ácidos orgânicos, vitaminas, sais minerais, etc.) que asseguram a síntese pela célula de levedura das substâncias acima referidas e, consequentemente, o desempenho normal das suas funções fisiológicas. No entanto, é deficiente em azoto, fósforo, magnésio e, por vezes, noutros elementos.

Para que a levedura se desenvolva normalmente, a fim de garantir rendimentos e qualidade adequados, simultaneamente com o fornecimento de melaço durante a multiplicação das leveduras, é efectuado o fornecimento de uma solução de nutrientes, contendo azoto e fósforo. As necessidades de azoto e de fósforo, de modo a que a levedura contenha finalmente cerca de 1,8% de azoto e 0,8% de fósforo, são calculadas previamente em função dos resultados da análise do melaço. É necessário calcular sempre o azoto e o fósforo necessários, porque o excesso destes elementos não passa de um desperdício que aumenta desnecessariamente os custos de produção. No caso de um melaço deficiente em magnésio, adicionam-se sais que contêm este elemento à preparação das soluções nutritivas.

Os nutrientes são previamente adicionados aos flocos de melaço sob a forma de uma solução clara pasteurizada para evitar o risco de contaminação. A instalação para a preparação de soluções nutritivas consiste em recipientes metálicos para a preparação de soluções, recipientes para armazenar soluções e recipientes para dosear soluções de substâncias nutritivas, que são feitos de material antiácido, uma vez que as soluções de substâncias nutritivas são corrosivas. As instalações clássicas para a preparação de soluções nutritivas consistem apenas em recipientes de solubilização. Apresentam a desvantagem de arrastamento de sedimentos depositados nas linhas de multiplicação e o facto de, para cada linha de multiplicação, ser necessário um recipiente de solubilização. As soluções nutritivas preparadas devem ser mantidas a temperaturas superiores a 65°C, aquecendo-as com uma serpentina de vapor, de modo a evitar a contaminação com microrganismos. Durante a sua preparação, deve verificar-se, através de análises laboratoriais, que não contêm certos elementos tóxicos para as leveduras acima do limite permitido (no sulfato de amónio, no ácido sulfúrico e no superfosfato de cálcio, o arsénico não deve exceder 0,0001%, o chumbo no sulfato de amónio 0,001 % e no ácido sulfúrico 0,001%.

IX.2. MULTIPLICAÇÃO DE LEVEDURAS

IX.2.1. Noções básicas sobre o processo de multiplicação de leveduras

O processo de multiplicação e o mecanismo bioquímico de formação e desenvolvimento da massa celular não são atualmente totalmente conhecidos, embora se conheçam as contribuições da maioria dos factores que participam neste complexo. Em condições experimentais, a dinâmica da multiplicação da levedura é bem conhecida. O processo evolui numa série de fases sucessivas.

A fase latente, de crescimento zero ou de atraso representa o período de tempo em que, após a inoculação, o número de células permanece inalterado ou até diminui, as novas condições ambientais implicam a indução latente das enzimas necessárias para a adaptação ao meio nutritivo. A fase latente aparece, portanto, como um período de adaptação às novas condições de cultura, no qual as leveduras viáveis no inóculo acumulam na célula metabolitos e os sistemas necessários para o crescimento, se estes componentes bioquímicos estiverem em falta devido às condições ambientais anteriores à inoculação.

A fase de multiplicação exponencial ou crescimento logarítmico caracteriza-se pelo facto de, após um curto período (cerca de 2 horas) de aceleração da taxa de crescimento, em que a multiplicação ocorre a uma velocidade progressivamente maior, esta taxa se tornar constante e caraterística em determinadas condições de cultura, sendo mínima a duração de uma geração. O período de equilíbrio só pode ser mantido enquanto não houver alterações importantes que o crescimento possa provocar na composição do meio. O número de células de levedura e a quantidade de matéria viva formada aumentam temporariamente após uma progressão geométrica com uma razão de 2. As células na fase exponencial de multiplicação são as mais adequadas para a investigação genética e fisiológica.

A fase estacionária (maturação) na qual o número de células viáveis é máximo e permanece constante durante um período de tempo. As células de levedura param de brotar, aumentam o seu volume e tendem para a forma esférica, tornando-se redondas. Esta fase dura 1÷2 horas, durante as quais o fornecimento de melaço e sais é interrompido, permitindo que a levedura consuma as suas substâncias de reserva da célula (por exemplo, glicogénio) e parte dos ácidos orgânicos do ambiente.

Uma vez que as funções respiratórias da célula estão agora enfraquecidas, o fluxo de ar é reduzido para cerca de 50% do valor máximo utilizado na fase logarítmica. Nesta fase, as células de levedura apresentam as características morfológicas mais típicas do género e da espécie.

A fase de declínio é caracterizada por uma diminuição da progressão geométrica em relação ao tempo do número de células vivas. À medida que o ambiente se torna menos favorável, as células vivas deixam de formar rebentos, embora a sua atividade continue durante algum tempo, após o que morrem e entram em autólise. Este declínio pode ocorrer com maior atraso nos tipos de leveduras - robustas -. No final desta última fase, regista-se o máximo absoluto do número total de células formadas durante toda a evolução da cultura.

Conhecer a taxa de crescimento das culturas de leveduras é importante na investigação para o estudo das propriedades fisiológicas das estirpes seleccionadas e na tecnologia de fabrico para estabelecer as condições de reprodução quando são utilizadas como cultura de arranque ou para a obtenção vantajosa de alguns compostos intracelulares.

Após o estabelecimento experimental da curva de crescimento, podem ser calculados os seguintes parâmetros:

***Crescimento exponencial e tempo de geração:**

Número de divisões celulares:

$$n = \frac{\lg N - \lg N_0}{\lg 2 (t - t_0)} \qquad (9.1)$$

em que:

Não - número de células do inóculo;

N - o número de células resultantes da brotação.

*** Velocidade de reprodução constante:**

$$v = \frac{n}{t} = \frac{\lg N - \lg N_0}{\lg 2 (t - t_0)} \qquad (9.2)$$

em que:

t - tempo de cultivo

*** O tempo necessário para um ciclo reprodutivo ou tempo de geração:**

$$g = \frac{t}{n} = \frac{1}{v} \qquad (9.3)$$

em que:

g - tempo de geração, para duplicar o número de células;

 n - número de divisões;

 v - constante de velocidade de reprodução.

O tempo de geração para *Saccharomyces cerevisiae* a uma temperatura de 30^0 C é de 2 horas [36].

Após a introdução do inóculo, quando existe uma quantidade suficiente de oxigénio no ambiente, as leveduras podem produzir a oxidação dos hidratos de carbono fermentáveis para os produtos finais da respiração e a multiplicação das células tem lugar.

Em seguida, o processo de respiração é reduzido e o processo fermentativo é intensificado, as células existentes aumentam de tamanho e o glicogénio acumula-se nas células.

Para determinar a velocidade de multiplicação, calcula-se o coeficiente Km, que exprime o número de novas células formadas por cada célula existente, durante uma hora, com a relação:

$$K_m = \frac{2.3\,(\log N_2 - \log N_1)}{t_2 - t_1} \qquad (9.4)$$

em que:

N_1 - número inicial após a inoculação (no momento t);$_1$

N_2 - número de células formadas no ambiente durante o período t $-t_2$$_1$.

Durante a cultura de leveduras em poças de melaço, verificou-se, em condições práticas, uma anomalia no desenrolar logarítmico da curva de desenvolvimento, multiplicando-se a levedura por impulsos rítmicos.

No caso de processos contínuos, a taxa de crescimento das células de levedura, de acordo com Monod e Maxon [37], é expressa pela relação:

$$\mu = \lambda \frac{db}{dt} \frac{1}{B}$$

onde,

μ - taxa de crescimento específico;

λ- a taxa de diluição ou a fração volumétrica de líquido que sai do recipiente na unidade de tempo;

db/dt - a percentagem de levedura nova a partir da quantidade constante B no recipiente de multiplicação.

A investigação permitiu estabelecer algumas equações matemáticas e as relações entre os seguintes factores que são tidos em conta no cálculo da multiplicação da levedura:

- o coeficiente de multiplicação;
- o módulo de aumento horário (fator);
- velocidade de assimilação do açúcar.

$$\mu = \lambda \frac{db}{dt} \frac{1}{B} \tag{9.5}$$

O fator de multiplicação é um fator primo. Se a massa de levedura que se encontra no meio num dado momento é denotada por A, a velocidade de multiplicação nesse momento é Ar, onde r é um fator constante das condições ambientais específicas, chamado coeficiente de multiplicação. O coeficiente r é expresso em gramas de novas células formadas numa hora a partir das gramas de células de levedura que estavam no meio. A quantidade de levedura, que se encontra no meio, após um período t de multiplicação, pode ser calculada de acordo com a seguinte equação:

$$A = A_0 \text{xe}^{\text{rxt}} \tag{9.6}$$

em que:

A - massa bruta de levedura produzida durante t, em gramas;

A_0 - massa do ninho de levedura, em gramas;

e - Base logarítmica neperiana igual a 2,3718;

r - o coeficiente de multiplicação.

Derivando esta equação, pode obter-se a velocidade de multiplicação, que é

$$\frac{dA}{dt} = \text{rxA}_0\text{xe}^n = \text{Ar} \tag{9.7}$$

Frequentemente, a equação de Michaelis-Menten é aplicada para descrever o comportamento dos microrganismos durante o desenvolvimento da levedura. Ela é expressa através da relação:

$$\mu = \mu_m x \frac{S}{K_s + S} \tag{9.8}$$

em que:

μ - fator de desenvolvimento;

μ_m - o fator de desenvolvimento máximo;

S - é a concentração do ambiente;

K_s - é a constante de saturação, respetivamente a concentração do ambiente a metade do fator de desenvolvimento.

As constantes foram determinadas experimentalmente em meios de glucose. Assim, Hartree [38] encontrou para μm valores de 0,37 horas e para k, valores de $3,6*10^{-4}$ M a uma temperatura de 30^0 C e um pH de cerca de 4.

O módulo de crescimento horário (H) é um fator de valor prático para calcular o aumento de peso por hora de uma quantidade de levedura sujeita a multiplicação. Se assumirmos que o módulo horário H = 1,2, isto significa que 1g de levedura cresce para 1,2g numa hora, para 1,2kg em 2 horas, 1,2t em t horas. Assim:

$$A_0 x e^{rxt} = A_0 x H^t \qquad (9.9)$$

Equacionando as equações (9.6) e (9.9), conclui-se que:

$$A = A_0 x H^t \qquad (9.10)$$

ou

$$e^n = H^t \qquad (9.10')$$

Por logaritmização obtemos:

$$\ln(e^{rxt}) = \ln(H^t) \qquad (9.11)$$

ou

$$H = e^r \qquad (9.11')$$

Numerosas pesquisas realizadas sobre os rendimentos máximos de levedura que podem ser obtidos a partir do açúcar contido no melaço, mostraram que nas melhores condições a levedura utiliza 2/3 do carbono da molécula de hexose para a sua multiplicação, sendo o restante 1/3 perdido sob a forma de dióxido de carbono. Assim, uma levedura de padeiro com 27% de matéria seca contém 12,7% de carbono. Um grama de açúcar invertido contém 0,4 g de carbono, dos quais, se apenas 2/3 são utilizados para a formação de novas células de levedura, segue-se que para os 0,127 g de carbono encontrados num grama de levedura, são necessários 0,476 g de hexose.

A velocidade de assimilação do açúcar em t horas a partir do início do processo de multiplicação é dada pela derivada:

$$\frac{dV}{dt} = 0.476 x r x A_0 x e^{rxt} \tag{9.12}$$

$$r x A_0 x e^{rxt} = Axr \tag{9.13}$$

$$\frac{dV}{dt} = 0.476 x Axr \tag{9.14}$$

Para obter rendimentos máximos em levedura, é necessário que a concentração de açúcar na levedura seja baixa, o que é conseguido através de adições progressivas de melaço com um caudal horário correlacionado com as necessidades de multiplicação das leveduras. É indicado que em qualquer altura durante o período de alimentação, o açúcar da polpa deve ser consumido antes da chegada da próxima porção de melaço, se esta condição for ignorada, o excesso de açúcar perde-se sob a forma de álcool.

$$A_0 = \frac{100}{0.476 x (e^{1.92} - 1)} = 361 \text{kg de levedura de sementes}$$

Se o valor do fator r for conhecido, a quantidade correcta de levedura de semente é determinada a partir da equação

$$G = 0.476 x A_0 x (e^{rxt} - 1) \tag{9.15}$$

em que G é a massa de açúcar assimilada em t horas. Por exemplo, se uma ameixa tiver de ser alimentada com 1000 kg de açúcar melaçado em 12 horas e se o fator $r = 0,16$ tiver sido determinado, segue-se que é necessário o seguinte: a quantidade inicial de açúcar no momento zero deve ser $0,476 \times r \times A_0 = 27,5$ kg/h (ou 55 kg de melaço a 50%). A quantidade de açúcar e de melaço implicitamente preparado aumenta progressivamente, de modo a que na 6ª hora seja $0,476 \times r \times A_0 \times e^{0.96} = 71,8$ kg/h, e na 12ª hora, por exemplo, $0,476 \times r \times A_0 \times e^{1.92} = 188$ kg/h.

Um cálculo mais simples consiste em estabelecer a necessidade de açúcar, que deve ser adicionada à placa horária, com base no módulo de crescimento horário H. No caso do exemplo mencionado acima:

$$H = e^{r} = e^{0.16} = 1.175\text{kg} \tag{9.16}$$

Os 361 kg de levedura do ninho aumentarão para $361 \times H$ na primeira hora, pelo que na primeira hora se formarão 632 kg de levedura. Isto requer $0,476 \times 632 = 301$ kg de açúcar para a multiplicação.

IX.2.2. Cultura da levedura *Saccharomyces cerevisiae*

O objetivo é obter em laboratório culturas celulares tão homogéneas quanto possível, em termos de metabolismo, rendimento, velocidade de reprodução, capacidade de reprodução e qualidade do produto acabado.

A multiplicação das culturas é efectuada de forma progressiva, sendo as primeiras fases realizadas no laboratório e depois na estação de cultura pura do produtor de levedura de panificação.

A pureza é mantida através do isolamento de células individuais de culturas que se comportaram bem, a partir de amostras retiradas da última fase de multiplicação. Dependendo do meio nutritivo, são utilizados métodos de substrato líquido (Lindner e Hansen) e métodos de substrato sólido (Koch e Hansen) para o isolamento de células.

Após o isolamento, a pureza das culturas isoladas é verificada, visualmente com a ajuda de um microscópio e por sementeira na superfície do meio nutriente, solidificado em placas de Petri. Através do controlo visual do tubo de ensaio, é possível observar a uniformidade do crescimento e a presença dos indicadores morfológicos característicos das espécies isoladas. Através do controlo microscópico, é possível observar a forma das células e a ausência de microrganismos contaminantes nas preparações húmidas.

A cultura pura de laboratório é também analisada do ponto de vista do aspeto, o número de células mortas, para se ter a certeza de que é adequada. A levedura pura deve assentar numa camada compacta no fundo do recipiente; quando a levedura se espalha na massa do líquido e se aglomera em flocos visíveis, isso indica que o meio de cultura foi contaminado. As células de levedura mortas são identificadas através do método de coloração com solução de azul de metileno.

Para garantir os parâmetros mais uniformes durante a multiplicação da produção, é necessário conservar as culturas de leveduras puras. No momento em que se detecta a degenerescência, a contaminação ou o aparecimento de mutantes que modificam as características das leveduras, bem como uma proporção demasiado elevada de células mortas, a cultura é alterada. Um laboratório especializado na preparação, conservação e fornecimento de culturas puras dispõe de uma micoteca com uma vasta gama de estirpes de leveduras com características bem conhecidas, que fornece a pedido dos produtores de leveduras para panificação.

Entre as técnicas aplicadas para a preservação de culturas puras, com base no prolongamento da fase estacionária de crescimento e evitando a fase de declínio, são conhecidas as seguintes:

- Re-semeadura periódica por transferência de células do tubo de ensaio com a cultura pura em que o meio nutriente está esgotado para o tubo de ensaio com o meio nutriente estéril de composição semelhante. Este método requer muito trabalho, apresenta um risco de contaminação e é difícil de realizar quando o número de culturas é elevado;

- o prolongamento do intervalo entre duas reepitelizações através da diminuição da taxa metabólica das células pode ser conseguido

- manutenção das culturas a baixas temperaturas, em condições de refrigeração ou de congelação;

- privação de oxigénio: a cultura desenvolvida num meio solidificado é coberta com uma camada de óleo de parafina estéril, impedindo assim a secagem do meio;

- a redução da humidade do ambiente leva à passagem das células a um estado de anabiose que pode ser mantido durante muito tempo sem produzir alterações intracelulares irreversíveis;

- A manutenção das culturas num estado liofilizado é a técnica mais difundida e vantajosa, pois é a que mais prolonga o intervalo de conservação das culturas, sem produzir alterações nas suas propriedades fisiológicas [10].

O objetivo da seleção de uma estirpe de levedura é obter culturas celulares puras no laboratório que sejam tão homogéneas quanto possível, em termos de metabolismo, rendimento, velocidade de reprodução, capacidade de reprodução e qualidade do produto acabado.

As principais condições que devem ser cumpridas por uma cultura pura de laboratório, destinada ao fabrico de levedura de panificação, são as seguintes [10]:

- para ter uma elevada capacidade de fermentação, uma indicação de que a estirpe de levedura contém todo o complexo enzimático.

Esta é uma propriedade complexa e reflecte a atividade combinada dos produtos de vários genes. Muito importante para a indústria de panificação é a utilização de leveduras com elevado potencial de fermentação da maltose;

- têm uma taxa de crescimento e rendimento em ambientes com novas fontes de carbono;

- para ser puro do ponto de vista microbiológico;

- ser vigoroso para resistir a vários microrganismos de contaminação;

- para conter uma concentração de sais tão elevada quanto possível, tendo em conta a composição do melaço;

- para se adaptarem a certas doses de conservantes, que inibem os microrganismos contaminantes;

- ter resistência à congelação e à secagem;

- para manter as suas propriedades biotecnológicas durante muito tempo. Esta propriedade é determinada geneticamente.

A seleção consiste no isolamento de uma única célula, à qual são criadas condições de multiplicação até se obter uma quantidade que é testada numa estação piloto, de modo a estabelecer as propriedades que caracterizam a respectiva estirpe de levedura. Se apresentar as características desejadas, torna-se numa das estirpes de base, que é multiplicada nas fases laboratoriais e depois introduzida na fábrica. Os produtores de levedura de panificação prestam especial atenção à preservação da estirpe de levedura nas condições exigidas, de modo a que esteja livre de contaminação e seja mantida à temperatura prescrita para evitar a ocorrência de mutações que influenciariam negativamente a qualidade e o rendimento da levedura acabada.

Atualmente, graças aos conhecimentos no campo da genética, foram lançadas as bases para o melhoramento das leveduras industriais e formas práticas de melhorar as suas qualidades, induzindo, identificando, isolando e caracterizando mutantes e linhas com propriedades biológicas e económicas superiores, obtendo híbridos e recombinantes através de técnicas de engenharia genética e fusão de protoplastos.

Estimativa da concentração de células de levedura em meios líquidos por métodos directos. Para estimar o número de células de levedura pertencentes à espécie *Saccharomyces cerevisae* em meios de multiplicação ou de fermentação e para avaliar a taxa de crescimento, podem ser utilizados métodos de contagem direta com a ajuda de câmaras de contagem. Por exemplo, pode ser utilizada a câmara de Thoma. Esta câmara apresenta uma rede com uma superfície de 1 mm^2 dividida em 400 microcélulas elementares e uma profundidade de 0,1 mm, de modo que o volume da suspensão celular para contagem correspondente a uma microcélula é de 1/4000 mm^3 .

A relação de cálculo utilizada nas determinações será a seguinte:

$$N = \text{nxx}4x10^6\text{xK} \qquad (9.17)$$

em que:

n = número médio de células/microcélulas;

$4x10^6$ = fator de conversão em cm3 do volume da microcélula elementar;

k = fator de diluição (facultativo);

N = número de células/cm^3 suspensão).

Determinação da viabilidade das células de levedura. O método é frequentemente aplicado para avaliar a qualidade da levedura comprimida, o estado fisiológico e a determinação da percentagem de células autolisadas, a influência de factores ambientais na atividade fisiológica da célula de levedura. Em princípio, o método baseia-se no facto de que as células de levedura não viáveis, quer na sequência do processo de autólise ou de um fator externo que produz alterações irreversíveis na estrutura proteica, perdem as suas propriedades de fermentação. Ao suspender as células de levedura numa solução diluída de azul de metileno (1:10.000 em citrato de sódio 2%), as células fisiologicamente inactivas serão coradas de azul porque, na sequência da inativação das redutases, a transição do corante para a sua forma leucoderivada já não ocorre incolor, como acontece na célula viva e ativa. Com a ajuda da câmara de Thoma, as células não viáveis (autolisadas) podem ser contadas separadamente do número total de células e a sua expressão percentual / cm3 ou gramas de levedura comprimida [39-41].

IX.2.3. Multiplicação de leveduras no laboratório

A multiplicação de células de levedura é efectuada em duas fases, no laboratório e depois na fábrica. Parte-se de uma cultura de levedura pura obtida num instituto especializado ou mesmo no laboratório da fábrica pelo método de isolamento em gotas ou em placas. A cultura de levedura de base é mantida em mosto de malte com ágar, no escuro e a baixas temperaturas de 2÷50C, tomando todas as medidas para a proteger da contaminação com microrganismos estranhos.

A multiplicação da cultura de leveduras no laboratório efectua-se em quatro fases, utilizando o mosto de malte como meio de cultura. Na primeira fase, a cultura de levedura é preparada num tubo de ensaio de 20 ml, no qual é introduzido o meio nutriente que solidifica num plano inclinado e a levedura é semeada com a ponta de platina da ansa retirada da estirpe selecionada. A partir deste tubo de ensaio, a levedura é semeada em vasos Erlenmayer com o aumento sucessivo do volume de mosto de malte, em três fases, com intervalos de 24 horas. No final da multiplicação, obtém-se a cultura pura de levedura de laboratório, que é utilizada para semear no primeiro recipiente de multiplicação de levedura na secção de culturas puras.

IX.2.4. Multiplicação de leveduras na fábrica

A multiplicação na fábrica efectua-se em cinco fases, as duas primeiras fases em vasos de multiplicação na estação de cultura pura, e as três fases seguintes em linhas de multiplicação. Os principais parâmetros tecnológicos no processo de multiplicação das leveduras de panificação. A estação de cultura pura da fábrica assegura a multiplicação em duas fases, em vasos metálicos, com o aumento sucessivo do volume em $5 \div 10$ vezes. Como meio nutritivo, é utilizada uma solução aquosa de melaço com adição de nutrientes, denominada plámada. Para conseguir uma cultura vigorosa, segue-se a multiplicação das células de levedura, em simultâneo com uma fermentação alcoólica, num meio com elevada acidez.

Para a fase I da multiplicação das leveduras, são utilizados recipientes de multiplicação, feitos de cobre, providos de água, vapor, ligação de ar, caixa de visita com tampa, válvula de amostragem, tubo de remoção de CO_2, com uma capacidade de $300 \div 500$ l/pc.

O recipiente de multiplicação é primeiro limpo, lavado e esterilizado com vapor e formalina, após o que se prepara o meio nutritivo, de acordo com a receita de fabrico, o pH é corrigido com H_2

SO$_4$ concentrado, até um pH de 4,0÷5,0. O caldo obtido é esterilizado com vapor direto durante uma hora, após o que é arrefecido com a ajuda do sistema de arrefecimento externo a 28÷32^0 C, depois o caldo é inoculado com cultura pura de laboratório.

A multiplicação efectua-se por fermentação aeróbia com formação de álcool, sendo o recipiente fechado com uma tampa. Durante o período de fermentação, a temperatura, o grau de Balling, a acidez e o exame microscópico da polpa são controlados de duas em duas horas.

O conteúdo do recipiente é completamente passado através do tubo de ligação, previamente esterilizado com vapor, para o recipiente da fase II de culturas puras de fábrica com uma capacidade de 1000÷2500 l.

O gesso preparado de acordo com a receita de fabrico é esterilizado com vapor direto durante uma hora. Arrefecer o molde a 28÷32^0 C e inoculá-lo com a levedura da primeira fase de multiplicação. A cultura pura de fábrica obtida é inteiramente utilizada para a sementeira na terceira fase da multiplicação da levedura.

Os recipientes estão equipados com tubos perfurados exteriores 3, através dos quais pode ser introduzida água fria ou quente para temperar a levedura e com tubos perfurados no interior 4, através dos quais pode ser introduzido vapor para esterilizar o ambiente, bem como ar comprimido durante a multiplicação da levedura.

Os recipientes também estão equipados com ligações para a introdução do meio nutriente 5, a ligação de sementeira com cultura pura de laboratório 6, portas de inspeção 7, válvulas de sobrepressão 8 e de vácuo 9, manómetros 10, termómetros 11, válvulas de amostragem 12 e condutas de descarga de dióxido de carbono 13 que entra nos recipientes de água 14. A água de arrefecimento que goteja nas paredes exteriores é recolhida e descarregada da calha 15.

A cultura de levedura obtida no primeiro recipiente passa através do tubo 16 para o segundo recipiente, e a cultura pura resultante deste recipiente passa através do tubo 17 na secção de produção [22].

A levedura obtida na estação de cultura pura é multiplicada na fábrica em 2÷4 fases, consoante a tecnologia e os equipamentos utilizados. Os processos são praticados com plumas de melaço diluídas (1/18÷1/25) ou concentradas (1/5÷1/10) e técnicas de multiplicação descontínuas ou contínuas. Os rendimentos obtidos diferem em função das características das matérias-primas, da cultura de leveduras e da tecnologia aplicada. Em alguns casos, observa-se a produção simultânea de levedura prensada e de álcool etílico. Ao contrário das duas primeiras fases, em que o meio nutriente é introduzido no início da multiplicação na totalidade do recipiente de multiplicação, na multiplicação da levedura nas fases III÷IV, o fornecimento de melaço e de nutrientes é efectuado de forma contínua, segundo esquemas de alimentação pré-estabelecidos, que devem ser rigorosamente respeitados.

Na terceira fase de multiplicação, a capacidade dos recipientes é cerca de 10 vezes superior à dos recipientes utilizados na segunda fase (7÷25 m3). A capacidade útil representa apenas 75% do total, sendo os restantes 25% afectados ao sistema de arejamento e à espuma formada.

Antes de serem utilizadas, as roupas de cama são limpas, lavadas com solução de soda cáustica a 2÷4% e, finalmente, é efectuada uma esterilização combinada com vapor e solução de formalina a 5÷10% durante cerca de uma hora. De seguida, introduz-se água na tina até 50% da sua capacidade útil, adiciona-se 1/3 do melaço preparado e parte dos nutrientes. Homogeneiza-se por borbulhamento de ar e semeia-se com as leveduras resultantes da segunda fase de multiplicação.

Durante a multiplicação, a espuma é combatida com substâncias antiespumantes que são introduzidas diretamente na placa.

É respeitado o horário de alimentação horária com melaço e nutrientes para a linha de multiplicação. Independentemente da tecnologia aplicada, nas instalações de grande capacidade, a lama de levedura resultante da terceira fase de multiplicação é submetida a uma concentração com separadores centrífugos antes da sementeira para a fase seguinte de multiplicação. Ao mesmo tempo, o pH é corrigido e o leite de levedura obtido é conservado em recipientes refrigerados a uma temperatura de $4÷6^0$ C.

A multiplicação da levedura na IV fase tem lugar em células semelhantes do ponto de vista construtivo à III fase, mas com uma capacidade 5÷6 vezes superior ($40÷100$ m^3). Nesta fase, obtém-se o ninho de levedura ou a levedura utilizada para inocular o meio nutriente da última fase de multiplicação (V fase).

As condições para a multiplicação da levedura nesta fase são mais favoráveis do que nas fases anteriores:

- a concentração e a acidez do ambiente são menores;

- o arejamento ambiental é mais intenso;

- a percentagem de álcool no plasma é muito baixa.

Para estabelecer a quantidade de melaço necessária para esta fase, é necessário ter em conta a razão de diluição, que representa a relação entre a quantidade de melaço não diluído (toneladas) e o volume final do chorume expresso em m3. Na fase de multiplicação IV, a razão de diluição deve ser de cerca de 1/18. Por exemplo, para uma capacidade útil do moinho de 75 m^3 , a necessidade de melaço será de 75:18 = 4.166 toneladas.

Depois de o linho ter sido lavado e esterilizado, introduz-se água numa proporção de cerca de 30% do volume útil, sobre a qual se adiciona 15% da quantidade de melaço preparado e 33% da quantidade de nutrientes preparados sob a forma de solução, homogeneiza-se por borbulhamento de ar e procede-se à sementeira através do tubo de ligação com o molde de levedura da fase III. O resto do melaço e os nutrientes da receita de fabrico são adicionados durante a multiplicação da levedura. Assim, durante a primeira hora de multiplicação, o melaço e os nutrientes não são adicionados, estando a levedura na fase latente do ciclo de vida. Por esta razão, o caudal de ar é inferior a 50 m /m^{33} por hora.

A partir da segunda hora, quando a levedura entra na fase logarítmica de multiplicação, inicia-se a adição de melaço e nutrientes em quantidades cada vez maiores, de acordo com um esquema pré-determinado. Durante este período de multiplicação intensa da levedura, é utilizado um caudal de ar máximo de 100 m /m^{33} molde e hora. Durante a última hora, o fornecimento de melaço e de nutrientes deixa de ser efectuado, o caudal de ar diminui para o valor inicial, deixando a levedura amadurecer.

A polpa de levedura resultante da IV fase não é semeada como tal na V fase, mas sob a forma de leite de levedura obtido por separação centrífuga e conservado até à sua utilização, a uma temperatura de $0 \div 4^0$ C em colectores de armazenamento. O leite de levedura obtido é também impropriamente chamado mayo, porque serve para inocular os plastídeos da 5ª fase de multiplicação.

Nesta última fase de multiplicação da levedura, obtém-se a chamada levedura de venda. A multiplicação efectua-se em etapas idênticas às da fase IV, utilizando cerca de 80% da capacidade total de fermentação para a levedura de venda, sendo os restantes 20% utilizados para a obtenção da levedura de mayo. Assim, em intervalos de $2 \div 3$ dias, um ou dois linóleos são utilizados para a produção de levedura de maionese.

Na última fase de multiplicação, são asseguradas as melhores condições ambientais para o desenvolvimento da levedura, sendo a concentração e a acidez da levedura inferiores às da quarta fase de multiplicação. O objetivo é obter uma maior pureza microbiológica do plasma e rendimentos máximos.

Na quinta fase da multiplicação, o rácio de diluição é de 1/25. No início, toda a quantidade de água é introduzida na linha de multiplicação, adicionando-se depois 8% do melaço necessário e 14% da quantidade de nutrientes, seguindo-se depois as tabelas de alimentação horária estabelecidas.

A partir do coletor de armazenamento de levedura, a linha de multiplicação da fase V é semeada com uma porção de levedura igual a ¼ ou 1/5 do volume total resultante da levedura e a lama é homogeneizada por borbulhamento com ar.

Assim, 4 ou 5 sementes da 5ª fase podem ser semeadas simultaneamente com uma semente. Durante a multiplicação, a concentração, a acidez e a temperatura são verificadas de hora a hora, fazendo-se as correcções necessárias, e ao fim de duas horas é também efectuado um controlo microscópico da levedura.

IX.2.5. Linhas de multiplicação de leveduras

As linhas de multiplicação de leveduras em diferentes fases, também designadas por fermentadores, são as principais máquinas utilizadas no fabrico de levedura de panificação. Podem ser fabricados em chapa de aço resistente aos ácidos, em aço inoxidável ou mesmo em aço comum protegido no interior com um verniz resistente aos ácidos.

As linhas podem ter uma forma cilíndrica ou paralelepipedal. A forma cilíndrica permite uma distribuição mais uniforme do ar no gesso e uma limpeza mais fácil, sendo por isso a mais comum. Os linoleus paralelepipédicos permitem uma melhor utilização do espaço de fermentação. Esquematicamente, uma instalação clássica de multiplicação de leveduras dotada de um sistema de arejamento estático é apresentada na figura 9.1.

O sistema de arejamento é constituído por um tubo vertical central para a entrada de ar que está ligado a um tubo horizontal situado na parte inferior da tulha, no qual se enroscam uma série de tubos perfurados, dispostos em toda a superfície da parte inferior da tulha, de modo a permitir uma distribuição mais fina e uniforme do ar no ambiente, da qual depende em grande parte o grau de utilização do oxigénio e, por conseguinte, o consumo específico de ar. Os orifícios de distribuição do ar têm um diâmetro de 0,4÷0,5 mm, a distância entre eles é de cerca de 4 mm e estão situados no lado dos tubos perfurados. Nas extremidades, estão equipados com tampas roscadas, que podem ser retiradas para limpeza e lavagem.

O sistema construtivo da instalação de arejamento é de particular importância, variando a solubilização do oxigénio na massa mais de 10 vezes nas diversas instalações, em função das particularidades construtivas [1].

Após o desenvolvimento das instalações rotativas, registaram-se avanços importantes na técnica de arejamento. Entre as instalações que se estabeleceram na prática, podemos citar: o inferidor, o aerador Vogelbusch, o sistema de arejamento por jato profundo (VB-IZ), o sistema de arejamento Frings.

Através da utilização de sistemas de arejamento dinâmico, foi possível utilizar leveduras muito mais concentradas para a multiplicação de leveduras do que no caso do processo clássico, obtendo-se assim rendimentos mais elevados de biomassa de levedura 4÷5 vezes superiores.

Os modernos tanques de fermentação estão equipados com instalações de automação complexas, que permitem a regulação automática do fornecimento de melaço e nutrientes, o fluxo de ar, água tecnológica, antiespuma, a medição e regulação automática do pH do líquido e da temperatura no tanque, através da variação do fluxo de água de arrefecimento.

Dado que a multiplicação das leveduras é um processo exotérmico, que liberta 2500÷3500 kcal/kg s.u. de levedura, é necessário um arrefecimento adequado do vinho, o que pode ser conseguido com a ajuda de serpentinas de arrefecimento, baterias de tubos verticais amovíveis colocados no interior do lagar ou por aspersão externa. Tanto o sistema de distribuição de ar como o sistema de arrefecimento são feitos de tubos de cobre.

Devido ao arejamento intenso e às substâncias coloidais presentes no melaço, formam-se grandes quantidades de espuma durante a multiplicação da levedura, para combater a qual são utilizados dois grupos de procedimentos:

- procedimentos mecânicos, que se baseiam na utilização de disjuntores de espuma;

- processos químicos, que utilizam substâncias com ação antiespumante para destruir a espuma.

Nas fábricas de leveduras, a espuma é normalmente combatida através da utilização de substâncias anti-espuma.

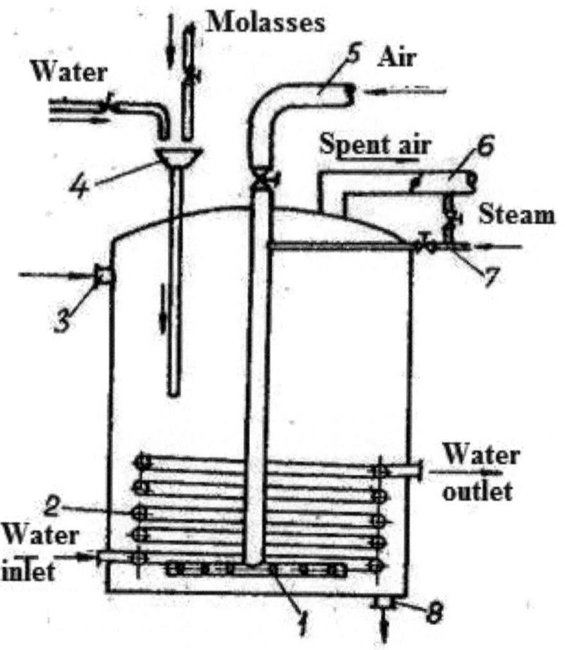

Fig. 9.1 Linha de multiplicação de leveduras com sistemas de arejamento estático: 1 - sistema de arejamento; 2 - serpentina de arrefecimento; 3 - ligação de fornecimento de levedura; 4 - funil de alimentação de melaço; 5 - tubo de ar; 6 - tubo de exaustão do ar usado; 7 - tubo de vapor; 8 - tubo de descarga da pluma de levedura.

IX.2.6. Factores que influenciam a qualidade da levedura nas fases de multiplicação

IX.2.6.1. Efeito da pressão osmótica

As leveduras desenvolvem-se em boas condições, quando o meio em que se encontram tem uma pressão osmótica tão próxima quanto possível da existente no interior da célula (isotonicidade). Alterações súbitas e importantes da pressão osmótica do meio podem provocar a desregulação das funções de adaptação compensatória da membrana citoplasmática e mesmo danos na parede celular, que podem levar à morte fisiológica da célula. Em ambientes com elevada pressão osmótica, ricos em hidratos de carbono ou sais (ambientes hipertónicos), as células são obrigadas a criar uma contrapressão osmótica equivalente no seu interior, permitindo a passagem de uma proporção correspondente de água para o meio.

Quando as células se encontram em ambientes com uma pressão osmótica inferior à do conteúdo dos vacúolos, em água, por exemplo, devido à mesma necessidade de obter uma contrapressão osmótica equivalente, aceitam a penetração de água do meio externo. Como resultado, o turgor celular aumenta até que a pressão intracelular ultrapasse a resistência da parede, que se rompe. O fenómeno do turgor conduz assim à destruição das células. Ao desidratar as leveduras, a concentração de substâncias nas células aumenta e a pressão osmótica aumenta, o que exerce influência nos processos de fermentação. Quando a concentração de substâncias aumenta, os processos bioquímicos da célula começam a abrandar e, a um certo nível, começa o choque osmótico [18].

IX.2.6.2. pH do ambiente

As leveduras desenvolvem-se dentro de limites amplos de pH, porque têm a capacidade de se adaptar a algumas mudanças no ambiente de cultivo. Assim, se o pH do meio for mais ácido do que o valor ótimo para o crescimento, as enzimas descarboxilases tornam-se activas na célula, quando o pH é mais básico do que o valor ótimo, as desaminases tornam-se activas. Nestas condições, os produtos resultantes dos aminoácidos sob a ação catalítica destes sistemas enzimáticos tendem a neutralizar-se e representam sistemas tampão do efeito nocivo do pH. Após o esgotamento do stock de aminoácidos, a ação do pH conduz à morte das células, em consequência de um desequilíbrio, alterando as trocas osmóticas entre a célula e o meio.

O efeito do pH do meio nutritivo sobre a multiplicação das leveduras é conhecido desde há muito tempo e tem sido utilizado na prática. A sua ação sobre as células de Saccharomyces cerevisiae foi estudada por numerosos investigadores. A um pH = 7,5, a intensidade da respiração e o rendimento do crescimento são 60÷100% mais elevados do que a um pH = 4 em diversos meios nutritivos com glucose a 300C. À medida que o pH do meio nutritivo diminui, a penetração de protões nas células é estimulada. Com um pH = 3,5 e quantidades suficientes de sais de potássio no meio nutritivo, o pH intracelular aumenta, atingindo valores de 7,5. A variação do pH intracelular é de particular importância na regulação da glicólise e da respiração das células de levedura [1].

O valor ótimo do pH para a cultura da levedura Saccharomyces cerevisiae oscila entre 4,5 e 5,8, embora as leveduras sejam muito mais activas num ambiente com um valor de pH de 7 a 7,5. As células de levedura nesta zona estão em boas condições fisiológicas e multiplicam-se rapidamente. O rendimento e a qualidade dos produtos acabados dependem do nível de pH durante o cultivo da levedura. Na prática, o desenvolvimento das leveduras é efectuado num meio ácido, sendo a concentração mais elevada de hidrogénio um meio de combater os microrganismos contaminantes.

O intervalo de pH no qual as leveduras se podem multiplicar é influenciado pela composição do meio e pelo seu teor alcoólico. Num meio de fermentação com 4,5% de álcool, as leveduras podem trabalhar até pH = 1,8. A um teor de 5,5÷6% de álcool, o valor mínimo do pH suportado pelas leveduras é de 2,3, e a um teor de 8,5÷12,5% de álcool, o limite inferior do pH em que as leveduras podem atuar é de 3,5, sendo a taxa de crescimento a este pH mais lenta. Além disso, no intervalo de pH 3÷3,5 encontra-se o ponto isoelétrico de algumas substâncias corantes do melaço, que são absorvidas pelas células de levedura [2].

A alteração do regime de pH exerce uma ação sobre a atividade das enzimas, sobre a penetração dos nutrientes na célula de levedura e a respiração intensifica-se. De repente, a troca de aminoácidos na célula de levedura pára, a quantidade de biomassa resultante diminui, a qualidade da levedura piora. Valores extremos de pH (ambientes fortemente ácidos ou fortemente alcalinos) provocam a desnaturação irreversível das enzimas.

Existem dados que mostram que o aumento do pH provoca um aumento da atividade das enzimas que participam na formação de polissacáridos solúveis em ácido. A síntese máxima de trealose foi observada quando a levedura Saccharomyces cerevisiae foi cultivada num ambiente com pH 4,5÷5,0.

Durante a produção de levedura de padeiro, o pH é reduzido para valores de cerca de 4, nas primeiras fases de multiplicação (fase I e II), seguindo uma acumulação de biomassa celular ativa. De seguida, à medida que o número de fases de multiplicação avança, o pH aumenta até ao valor de 5,5.

O teor de azoto dos componentes nutricionais contribui para a normalização do pH do meio. A partir do sulfato de amónio, a levedura assimila o NH_3 e liberta ácido sulfúrico no meio. A adição de água de amoníaco neutraliza o ácido sulfúrico, equilibra o pH e, ao mesmo tempo, fornece à levedura o azoto necessário.

A correção do pH na indústria da levedura de panificação com ácido lático é mais favorável às células de levedura. O ácido fosfórico e o ácido clorídrico actuam menos favoravelmente e o ácido sulfúrico está em último lugar. Durante a acidificação com ácido lático, obteve-se uma levedura com um poder de crescimento de 10 minutos, uma biomassa de 32 $g \cdot dm^{-3}$ e uma atividade de maltase de 304 U.A.

IX.2.6.3. rH do ambiente

As leveduras apresentam diferentes graus de sensibilidade ao potencial redox. Entre as substâncias que ajudam a manter um potencial de oxidação-redução reduzido encontram-se o ácido ascórbico, os hidratos de carbono redutores e as substâncias que contêm os grupos - SH. Cada sistema biológico tem na sua composição substâncias oxidantes e redutoras, pelo que o valor do potencial de oxidação-redução depende da relação entre elas e depende também da tensão de oxigénio e do valor do pH. Alterações no rH podem produzir alterações no metabolismo celular, ou no caso de valores limite, o crescimento é interrompido.

IX.2.6.4. Temperatura

A temperatura é, do ponto de vista do processo de biossíntese realizado à escala industrial, um dos parâmetros físicos mais importantes, profundamente envolvido, através dos seus efeitos, na otimização do processo.

As variações de temperatura têm um efeito sobre o rendimento da transformação do substrato no produto desejado, sobre as necessidades nutricionais da levedura, a composição da biomassa obtida e a velocidade de crescimento [2].

Ao longo da evolução, as células de levedura sofreram numerosas adaptações, de modo que, no mundo microbiano, as leveduras multiplicam-se a temperaturas variadas dentro de limites muito amplos.

A levedura Saccharomyces cerevisiae pertence ao grupo mesófilo, a temperatura óptima oscila entre 26^0 C e 36^0 C. Os dados da literatura especializada mostram que a levedura de padeiro com o melhor poder de crescimento é obtida a uma temperatura de 30^0 C.

A variação de alguns graus em torno da temperatura óptima de crescimento influencia não só o rendimento de biomassa obtido e a velocidade de crescimento, mas também a composição bioquímica da célula de levedura. Os dados da literatura publicada mostram que as variações de temperatura afectam muitos processos metabólicos na célula, assim como a composição da biomassa em proteínas e lípidos, o conteúdo de ARN das células [7]. A relação entre o conteúdo de ARN das leveduras e a sua taxa de crescimento aumenta com a diminuição da temperatura.

A temperatura do processo de cultura condiciona o teor de lípidos na composição das membranas celulares. Assim, a membrana das leveduras psicrófilas contém maiores quantidades de ácidos gordos polinsaturados, a das leveduras termófilas, ácidos gordos monoinsaturados, e a das leveduras mesófilas, ácidos mono e polinsaturados.

As células de levedura podem suportar temperaturas muito baixas, até perto do zero absoluto. Sobrevivem mais facilmente ao frio num ambiente seco do que num ambiente húmido. Foi observado que, ao baixar a temperatura abaixo do limite inferior de 0^0 C, se observa uma redução na velocidade do metabolismo. Assim, ao diminuir 10^0 C abaixo da temperatura mínima, há uma diminuição de 50% na taxa de metabolismo dos nutrientes.

Esta diminuição da atividade é explicada pelo facto de, ao baixar a temperatura, as cadeias proteicas se dobrarem e os centros activos das enzimas serem mascarados, de modo a deixarem de se ligar ao substrato e de cumprirem a função de biocatalisadores. A baixas temperaturas, há perdas de água intracelular, as leveduras entram num estado de vida latente, quando o metabolismo se processa muito lentamente e podem permanecer viáveis durante muito tempo.

Ao congelar, as leveduras podem ser conservadas por tempo ilimitado, porque a quantidade de água livre no exterior e no interior da célula é reduzida, passando para o estado sólido e ficando apenas uma parte disponível para ser utilizada pelas células, pelo que a atividade da célula é interrompida. Campbell descobriu que o congelamento da levedura Saccharomyces cerevisiae suspensa em água a -30^0 C ou -50^0 C destruía $48\div94\%$ das células. A descongelação e a congelação repetidas provocam a morte das células de levedura. Estes resultados foram confirmados por Baum com uma cultura pura de Saccharomyces cerevisiae. Os efeitos múltiplos da congelação sobre as células de levedura foram descritos por Mazur [8].

A diminuição da temperatura de cultivo de 30^0 C para 15^0 C contribui para o aumento do teor de lípidos, que a 30^0 C é de 12% e a 15^0 C é de 14,5%. Em *Saccharomyces cerevisiae*, ao diminuir a temperatura de crescimento abaixo do ótimo, a quantidade de proteínas e ácidos ribonucleicos aumenta, e a quantidade total de hidratos de carbono na célula diminui, principalmente através da diminuição do teor de trealose [9].

Verificou-se que a levedura obtida a baixas temperaturas $(29\div30^0$ C) é mais rica em azoto e fósforo e mais resistente ao armazenamento. A altas temperaturas, a qualidade da produção piora subitamente, como consequência do facto de, ocasionalmente, poder ocorrer a multiplicação de leveduras atípicas e de microbiota bacteriana.

Os microrganismos contaminantes consomem o substrato destinado à levedura, o que leva a uma diminuição do rendimento.

A produção de levedura de padeiro a temperaturas superiores a 30^0 C é efectuada com a acumulação de trealose na célula de levedura. A acumulação máxima de trealose nas células foi obtida através do crescimento da levedura a temperaturas de 40^0 C. O aumento adicional da temperatura não só parou significativamente a multiplicação da levedura, mas também causou uma diminuição na quantidade de trealose nas células. O aumento da quantidade de trealose nas células a altas temperaturas de crescimento é acompanhado por uma diminuição do glicogénio.

A taxa de acumulação de álcool também aumenta com o aumento da temperatura, atingindo um máximo a 40^0 C, após o que diminui subitamente à medida que a temperatura aumenta.

O aumento da temperatura de cultivo leva a uma redução do rendimento da levedura devido à diminuição da humidade e, consequentemente, a um aumento do consumo de nutrientes durante a fermentação. Ao aumentar a temperatura de crescimento, o fornecimento de ácidos à célula piora, a excreção de aminoácidos livres no líquido de cultura aumenta e a necessidade de vitaminas das leveduras também aumenta. Este facto pode provocar a alteração do coeficiente económico.

No intervalo de temperatura super-óptima, o crescimento compete com a morte dos microrganismos. A morte das células de levedura a temperaturas supermáximas deve-se à desnaturação térmica das proteínas e enzimas celulares, de modo que a atividade metabólica é interrompida e a morte fisiológica da célula ocorre sem que haja destruição física.

A lise da levedura é uma função fortemente dependente da temperatura, sendo caracterizada por valores de energia de ativação de 70÷90 kcal/mol.

IX.2.6.5. Humidade

A água é importante para a célula de levedura não só porque é o principal constituinte de um ponto de vista quantitativo, representando cerca de 80% do peso da célula viva, mas também porque cumpre as seguintes funções [10]:

- como reagente químico presente na célula, a água participa nas reacções de hidrólise;

- actua como um solvente para os metabolitos intracelulares;

- papel mecânico importante na manutenção da forma e das dimensões da célula, imposto pela pressão hidrostática que surge no interior da célula;

- desempenha uma função estrutural na hidratação das proteínas e de outros componentes celulares.

Por exemplo, a intensidade dos processos de fosforilação oxidativa que têm lugar nestes organelos depende do grau de hidratação das mitocôndrias. A água participa diretamente na formação do citoplasma celular, de cujo estado depende a sua função fisiológica. Forma ligações H e participa na estrutura de alguns compostos macromoleculares [3].

Algumas reacções químicas, bioquímicas, enzimáticas e especialmente microbiológicas estão intimamente relacionadas com a humidade do substrato. Nas condições em que a humidade diminui, a taxa de metabolismo é reduzida, as enzimas tornam-se inactivas e as células de levedura permanecem viáveis num estado de anabiose.

As leveduras só podem utilizar água livre, não ligada aos componentes químicos do ambiente e não podem utilizar água química ou fisicamente ligada. As leveduras necessitam, para um desenvolvimento normal, de uma quantidade de água livre para assegurar uma transferência adequada de nutrientes para a célula. A grande maioria das leveduras não pode desenvolver-se em ambientes com um índice de atividade da água (a_w) inferior a 0,90, mas existem também leveduras osmotolerantes que resistem a pressões osmóticas mais elevadas correspondentes a um$_w$ = 0,60 [10].

IX.2.6.6. Concentração de oxigénio e influência na bioenergética da levedura

As leveduras de Baker são facultativamente anaeróbias, são capazes de uma atividade vital em condições anaeróbias e aeróbias.

A taxa de respiração é medida na quantidade de oxigénio absorvido pela substância seca da levedura, e anotada como Q_{O2} , e a taxa de fermentação representa a quantidade de dióxido de carbono libertado por 1 g de substância seca de levedura numa hora. Em condições aeróbicas, este valor foi escrito Q^{V}_{CO2} , e em anaerobiose (numa atmosfera de azoto) -Q^{N}_{CO2} .

Em condições aeróbias, ocorre o efeito Pasteur, que foi assinalado PE, bloqueando a fermentação a favor da respiração. O grau de bloqueio depende, em grande medida, das características da cultura e exprime-se pela invalidez:

$$PE = \frac{Q_{co_2}^N - Q_{co_2}^V}{Q_{C0_2}^N} \, x100 \qquad\qquad (9.18)$$

As leveduras, consoante as condições de cultura, aeróbias ou anaeróbias, podem sofrer alterações morfológicas da célula. Em condições anaeróbias, as células não são capazes de sintetizar o tipo de citocromos -a_1 , a_3 , b, c_1 , o transporte de electrões na cadeia respiratória é desequilibrado e a atividade das enzimas respiratórias diminui. Em condições de crescimento anaeróbico, a síntese de ácidos gordos insaturados e ergosterol não é produzida nas células [40-42].

Para o funcionamento normal da cadeia respiratória e o desenvolvimento da atividade das enzimas respiratórias mitocondriais, é necessária a presença de uma quantidade definida de lípidos, contendo ácidos gordos insaturados, nas mitocôndrias. A alternância das condições de cultura anaeróbica e aeróbica em Saccharomyces cerevisiae conduz à formação de todos os componentes celulares, à ativação das enzimas respiratórias e à biossíntese das mitocôndrias. Nos últimos anos, foram obtidos dados segundo os quais, para além do oxigénio, o crescimento das leveduras é também influenciado pelos outros componentes da mistura gasosa. Quando o azoto do ar é gradualmente substituído por CO_2 (mantendo-se constante a concentração de oxigénio), a biomassa resultante é quantitativamente reduzida e o teor de azoto da biomassa aumenta.

Se na experiência de controlo (ar foi utilizado para o arejamento), a biomassa de levedura resultante foi de 0,502 g/1g de açúcar consumido e o teor de azoto total na biomassa foi de 8,8% em s.u., então substituindo 20% de azoto do ar por CO_2 , os dados correspondentes obtidos foram de 0,472 g/1g de açúcar consumido e 9,55% de azoto total [41].

IX.2.6.7. Arejamento e agitação do ambiente

No processo de biossíntese, a aeração acompanha o fornecimento contínuo de oxigénio à célula, a eliminação do dióxido de carbono formado que tem um efeito inibidor no processo de multiplicação, o transporte rápido dos nutrientes adicionados às células e a manutenção das células num estado de suspensão [41].

Assegurar a necessidade de oxigénio do ar para a levedura representa uma etapa de grande consumo de energia no processo tecnológico que se reflecte, em última análise, nas vantagens económicas da produção de levedura. Foi estabelecido que uma causa importante da diminuição do rendimento é o arejamento insuficiente do meio de cultura [8]. Na produção de leveduras, o consumo de ar é previsto como norma de produção de consumo, no volume do meio de cultura e é de $50 \div 100$ m /1m^{33} de levedura.

O principal problema é o fornecimento contínuo de oxigénio dissolvido no líquido à célula de levedura. Foi tido em conta que 1 kg de melaço com um teor de açúcar de 50% requer aproximadamente 19 m^3 de ar. O rendimento máximo da levedura foi obtido quando, por cada grama de açúcar utilizado, correspondiam 1,6 g (ou mais) de oxigénio. Ao reduzir a quantidade de oxigénio, a levedura obtida diminui proporcionalmente.

O fornecimento de ar no recipiente de cultivo deve ser efectuado de acordo com o fornecimento de açúcar e a velocidade de multiplicação da levedura é seguida. A interrupção do regime de arejamento altera subitamente a evolução do processo de desenvolvimento da levedura, no sentido do metabolismo anaeróbico, com a formação de álcool e outros produtos secundários.

A produção de biomassa diminui drasticamente. Na presença de excesso de oxigénio, a taxa de multiplicação celular começa a diminuir e o rendimento é reduzido pelo aumento do consumo de açúcar e pela formação de CO_2 .

O papel do oxigénio é diferenciado em função dos processos de multiplicação das leveduras. Se pelo método estático, quando se cultivam as leveduras sem arejamento artificial ou com pouco arejamento, as leveduras obtidas constituíam 10÷12% do peso das matérias-primas consumidas e a duração da multiplicação das leveduras era de cerca de 20 h ou mesmo mais, então pelo método com arejamento - agitação, num meio diluído, as leveduras obtidas atingiam 165% calculado sobre o peso do açúcar ou até 100% do peso do melaço e o ciclo completo de multiplicação das leveduras durava 8÷11 h. O consumo de ar foi de 100 m^3 /h por 1 m^3 de gesso, e a quantidade de oxigénio utilizada é de 6÷9% da quantidade total. O consumo de oxigénio por 1 g de levedura para as células jovens foi de 80÷100 mg/h e para as mais velhas de 40÷60 mg/h. A maior necessidade de oxigénio das células jovens é determinada pela formação de substâncias sem azoto nas células de levedura.

Foi estabelecido que, para cada concentração de gesso, existe uma quantidade óptima de ar adicionado. O excesso de oxigénio no ambiente não aumenta a quantidade de biomassa obtida, mas intensifica os processos de oxidação, aumenta o potencial redox.

Ao adicionar agentes redutores (0,02% de ácido tioglicólico ou 0,1% de Na S O_{223}) ao meio sintético, a velocidade de multiplicação aumenta. Consequentemente, para um certo arejamento, é necessária tanto a presença de oxigénio como a presença de substâncias redutoras, que diminuem o potencial de oxidação-redução do meio. É óbvio que isto está relacionado com a atividade das enzimas. Sabe-se que, por exemplo, os agentes redutores (Na_2 S e outros) aumentam a atividade da coenzima A. As células de levedura, cultivadas em condições aeróbias, ao contrário das cultivadas em condições anaeróbias, não só são menos ricas em glicogénio, metacromatina e compostos azotados, como também têm menos massa.

Se mil milhões de células cultivadas em condições anaeróbicas pesam 70÷90 mg, em condições aeróbicas pesam 20 ou 25 mg, no máximo 50 mg. Por conseguinte, as células mantidas em condições de fermentação têm uma massa 2÷3 vezes superior à das células em condições de respiração.

A quantidade insuficiente de ar para a multiplicação leva a um aumento do número de células pequenas na segunda parte do processo de cultivo.

Quando se cultiva num agitador rotativo, o aumento da velocidade de arejamento pode ser aumentado por agitação. Maxon e Johnson determinaram a eficiência do arejamento, expressa em milimoles de oxigénio, por litro e por hora, em função do fluxo de ar e da agitação do meio, com variações da velocidade do agitador entre 550 e 1660 rpm.

Alguns estudos recentes recomendam a recirculação do ar no fabrico de levedura de panificação, porque aumenta o rendimento através de uma melhor utilização dos nutrientes do ambiente e dá uma intensificação dos processos de multiplicação das células de levedura. Além disso, a recirculação do ar melhora um índice muito importante para a atividade da levedura, a atividade da maltase. A eficácia da recirculação do ar foi expressa pelo aumento da percentagem de células germinadas, contadas num intervalo de duas horas para cada geração [8].

De particular importância é a qualidade do ar, que pode ser uma fonte de contaminação durante as fases de multiplicação da levedura. É por isso que é necessário filtrar/esterilizar o ar antes de o utilizar no processo tecnológico.

IX.3. SEPARAÇÃO E LAVAGEM DA BIOMASSA DE LEVEDURA

É feito com a ajuda de separadores centrífugos, geralmente em duas ou três fases de separação, obtendo-se finalmente um leite de levedura concentrado, que é depois arrefecido em permutadores de calor de placas a uma temperatura de 2÷40C e mantido em colectores para armazenamento.

No final da última fase de multiplicação, obtém-se uma escuma fermentada, na qual as células de levedura estão em suspensão, a concentração de levedura da escuma varia em função da qualidade do melaço e do processo tecnológico utilizado.

No processo tecnológico clássico de fabrico de levedura, atinge-se uma concentração de 42÷50 g de levedura com 27% s.u. por litro de plasma. Utilizando sistemas de arejamento dinâmico, a concentração de levedura na levedura atinge valores 4÷5 vezes superiores.

Ao separar e lavar o leite do fermento, o objetivo é concentrar o fermento do coalho num volume menor e remover o resto do coalho, a fim de melhorar o aspeto comercial e a conservação do produto.

A separação da levedura é efectuada com separadores centrífugos do tipo Alfa Laval ou Westfalia, com velocidades de 4000÷5000 rpm e capacidades entre 10 e 100 m^3 de levedura/hora.

Na prática, a operação é efectuada em duas ou três fases de separação e lavagem, sendo a mais utilizada a separação em três fases. Na primeira fase de separação, dependendo da concentração inicial da levedura, o leite de levedura é concentrado até 150÷200 g/l. Antes de passar à fase seguinte de concentração, é necessário arrefecer e diluir com água, utilizando para isso ejectores. A quantidade de água necessária é 4÷8 vezes superior à do leite de levedura.

Na segunda fase de separação, pode obter-se uma concentração de 300÷400 g/l. Este processo é repetido na terceira fase, obtendo-se finalmente um leite de levedura com uma concentração de 600÷800 g/l.

O leite de levedura concentrado é arrefecido em permutadores de calor de placas a uma temperatura de 2÷4^0 C e mantido em colectores de armazenamento. Com o arrefecimento, os processos vitais da célula de levedura são abrandados e o desenvolvimento e a atividade dos microrganismos contaminantes são inibidos.

A preparação dos separadores e da instalação para um ciclo de separação consiste em: desmontá-los, escovar cada placa com uma solução de fosfato trissódico ou soda cáustica, seguida de uma lavagem com água limpa para desobstruir os bicos. Além disso, lavar e enxaguar as cubas de recolha do leite separado, bem como as bombas e tubagens relacionadas com a instalação.

Os colectores para o leite de levedura são feitos de aço inoxidável, equipados com uma camisa de arrefecimento dupla, sendo o agente de arrefecimento água refrigerada, e com agitadores eléctricos para homogeneização.

Durante o armazenamento, a temperatura do leite de levedura é controlada em intervalos de 4 horas, que deve ser mantida a $2 \div 4^0$ C.

IX.4. FILTRAÇÃO DO LEITE DE LEVEDURA

O leite de levedura não pode ser comercializado como tal, tanto pelo facto de estar facilmente exposto à contaminação com microrganismos estranhos que reduzem o seu prazo de validade, como pela dificuldade de manuseamento. Por estas razões, o leite de levedura é ainda submetido à operação de filtração e prensagem, através da qual a levedura é concentrada numa substância seca que ocupa um volume que é cerca de duas vezes menor. Esta operação tecnológica é efectuada na prática com a ajuda de filtros-prensa (com armações e placas) e filtros rotativos de vácuo.

O processo de filtragem com a ajuda de prensas de filtro é efectuado da seguinte forma:

- Antes da utilização, o filtro-prensa é lavado com água, montado e esterilizado com vapor durante 15 a 30 minutos sem pano;

- as armações cobertas com tecido e as placas de cada prensa são prensadas numa embalagem compacta utilizando o compressor de óleo;

- o leite de levedura arrefecido é introduzido com a ajuda de uma bomba através de um canal central no espaço formado pelas molduras delimitadas por panos filtrantes, a levedura permanece no espaço formado pela moldura e a água passa através do pano e escorre para o canal;

- A filtragem dura 15 a 30 minutos, até que a água deixe de sair;

- no final da operação, os quadros e as placas são gradualmente abertos, a levedura comprimida é destacada com a ajuda de facas, que são recolhidas num carrinho;

- Em intervalos de cerca de uma semana, os panos entupidos são primeiro lavados com um jato de água e com uma escova e depois com a ajuda de uma máquina de lavar panos e colocados no secador de panos.

A levedura comprimida resultante no final da prensagem tem um elevado teor de matéria seca de 30÷35%, mas a utilização de filtros-prensa apresenta a desvantagem de uma baixa produtividade e de um elevado volume de trabalho.

As fábricas de levedura modernas utilizam filtros rotativos sob vácuo, que utilizam o amido como camada filtrante. Com este filtro, a matéria seca do produto acabado é consideravelmente melhorada (de 27% s.u. quando se obtém a levedura com filtro-prensa atingiu-se 33÷37% s.u.). Incorporando cloreto de sódio no leite de levedura e lavando-o, foi possível aumentar o teor de matéria seca da levedura para mais de 30%, eliminando a água extracelular, com o simultâneo aumento da plasticidade.

IX.5. MODELAÇÃO E ACONDICIONAMENTO DA LEVEDURA PRENSADA

Atualmente, a modelação e o acondicionamento da levedura prensada são feitos com máquinas automáticas especialmente construídas para o efeito, utilizando papel parafinado ou sulfurizado com película de celofane. Para obter a consistência necessária à modelação, é necessário adicionar uma certa quantidade de água, óleo alimentar ou outros plastificantes. Para preservar a cor do fermento, podem ser adicionadas pequenas quantidades de poliálcoois (por exemplo, glicerina, inositol) ou substâncias emulsionantes (lecitina, estearatos e oleatos de glicerina e glicol) e, para proteção contra o desenvolvimento de bolores, podem ser adicionadas pequenas quantidades de álcool etílico, propílico, butílico ou amílico.

IX.6. ARMAZENAMENTO E ENTREGA DE LEVEDURA DE PANIFICAÇÃO

Quando a levedura não é entregue imediatamente, os caixotes ou caixas de cartão com a levedura devem ser armazenados num local fresco, a uma temperatura de 0÷40°C e uma humidade relativa do ar de 65÷70%. Os caixotes ou caixas de cartão são colocados em prateleiras ou paletes em forma de favo de mel, com locais para circulação de ar.

O transporte da levedura até aos beneficiários pode ser efectuado com meios de transporte normais para distâncias curtas, e para distâncias mais longas em vagões ou veículos isotérmicos. A entrega é efectuada em paletes, por ordem de fabrico, recolhendo os caixotes ou caixas de cartão da palete, no tapete e evacuados para a rampa de carregamento do meio de transporte.

IX.7. LEVEDURA DE PANIFICAÇÃO - PRODUTO ACABADO

Conhecer a composição química da levedura de panificação é importante para estabelecer as quantidades de nutrientes necessárias para a multiplicação da levedura em diferentes fases, bem como a forma de os adicionar, a fim de obter rendimentos máximos na levedura e para compreender os processos que ocorrem durante a manutenção da levedura no molde .

Estima-se que aproximadamente 94% da substância seca da levedura é constituída pelos elementos principais: carbono, hidrogénio, oxigénio e azoto, que são representados pelos hidratos de carbono (glicogénio, gomas, hemiceluloses), proteínas, ácidos nucleicos, bases orgânicas, lípidos, substâncias minerais, vitaminas e enzimas. O teor de carbono de uma levedura com 27% s.u. é de aproximadamente 12,7% e serve de base para o cálculo da necessidade de hidratos de carbono para a acumulação de biomassa de levedura.

Cerca de 70% do azoto total da levedura está incluído nas proteínas, 8÷10% nas bases purínicas, 4% nas pirimidinas, sendo o restante constituído por produtos solúveis como os aminoácidos e os nucleótidos. A partir do teor de azoto da levedura, estabelece-se a necessidade de substâncias azotadas para corrigir o melaço que é deficiente em azoto.

A levedura contém também quantidades importantes de vitaminas, especialmente do grupo B. As substâncias minerais encontram-se quer em combinações inorgânicas, quer na composição de algumas substâncias orgânicas, apresentando-se assim como electrólitos em solução ou sob a forma de complexos coloidais. Valor energético: 350÷430 KJ/100 g.

A biomassa de um grama de levedura comprimida contém aproximadamente 10 biliões de células.

Durante o processo de fabrico da levedura de padeiro, em simultâneo com a multiplicação das células pertencentes à cultura pura, podem desenvolver-se outros microrganismos em diferentes fases do fluxo tecnológico, que aumentam o grau de contaminação do produto acabado e determinam a redução das qualidades tecnológicas e da capacidade de conservação da levedura prensada.

A fim de evitar a multiplicação de microrganismos contaminantes, é imposto um controlo microbiológico rigoroso nas fases de produção, através do estudo do grau de higiene e da deteção de contaminantes.

Levedura de panificação - o produto acabado deve apresentar as seguintes características biotecnológicas

- poder de fermentação. máx. 70 minutos;

- humidade. máx. 76%;

- durabilidade a 35^0 C. min. 5 dias;

- durabilidade a $0 \div 4^0$ C. min. 10 dias.

X. FABRICO DE LEVEDURA SECA PARA PANIFICAÇÃO

Devido ao consumo desigual de levedura ao longo do ano, procuraram-se métodos para conservar a levedura durante um período mais longo, por secagem ou congelação. Embora tenham sido obtidos alguns resultados na preservação da levedura por congelação a baixas temperaturas de cerca de -15^0 C em túneis, o que permite prolongar o período de armazenamento até $6\div9$ semanas, este procedimento é menos utilizado tanto pelo facto de a levedura ter de ser utilizada imediatamente após a descongelação como pelo facto de o preço da levedura ser superior em $10\div20\%$.

O principal método de conservação da levedura consiste em secá-la a uma humidade de $7,5\div9\%$, em condições especiais que não afectem demasiado a capacidade de fermentação da levedura. A uma humidade superior a 9%, a levedura não pode ser conservada, entrando em autólise, e a uma humidade inferior a 7%, ocorre uma desidratação irreversível dos colóides, perdendo assim grande parte do seu poder de fermentação.

Em comparação com a levedura prensada, a utilização de levedura seca apresenta as seguintes vantagens

- pode ser conservado durante mais tempo ($6\div12$ meses) do que as leveduras prensadas ($10\div40$ dias);

- pode ser armazenado e transportado a temperaturas mais elevadas, mesmo à temperatura ambiente, necessitando de muito menos espaço;

- A secagem dos excedentes de levedura permite assegurar uma produção constante das fábricas de levedura e satisfazer as necessidades durante os períodos de pico de consumo de levedura.

A secagem da levedura é efectuada em condições especiais, com o objetivo de preservar as propriedades iniciais de cozedura da levedura. São utilizados vários métodos de secagem para secar a levedura: sob vácuo, com ar quente, em ondas, por liofilização e fluidização, que influenciam mais ou menos a viabilidade das células de levedura.

O processo de secagem mais difundido é o de uma corrente de ar quente.

O processo tecnológico de obtenção da levedura seca para panificação inclui quatro etapas principais:

- fabrico de levedura húmida de padeiro;

- granulação de levedura húmida;

- secagem da levedura;

- acondicionamento e armazenagem de leveduras secas de panificação.

Para obter levedura seca ativa, recomenda-se a utilização de estirpes de levedura especiais para este fim, que acumulam mais de 12% de trealose em relação à substância seca e um teor de azoto superior a 7% em relação à substância seca. As estirpes de leveduras com células mais pequenas, menor teor de água intracelular e maior capacidade de fermentação são escolhidas do que as culturas utilizadas para produzir levedura comprimida, embora estas estirpes conduzam a rendimentos de levedura mais baixos.

A biomassa de levedura obtida para ser seca deve ter um poder de fermentação de 55÷60 minutos e um tempo de conservação de pelo menos 72 horas, a 35^0 C. A biomassa de levedura destinada à secagem deve ser mais bem lavada para reduzir o teor de sal residual resultante de um tratamento ácido do leite de levedura ou por tratamento do leite com NaCl antes da filtração, para reduzir a quantidade de água extracelular.

A granulação da biomassa húmida é realizada com o objetivo de aumentar a superfície de remoção de água durante a secagem e de obter um produto com humidade distribuída de forma homogénea. A granulação é efectuada com a ajuda de granuladores ou extrusores, que funcionam segundo o princípio de um moinho de carne. A levedura é triturada sob a forma de aletria, passando-a através de um peneiro com orifícios de 1,5÷2 mm. Existem também máquinas que transformam a levedura em grânulos redondos. A levedura assim triturada, que ocupa um volume cerca de duas vezes superior à massa sa, é carregado numa camada fina com uma espessura de 2÷3 cm, nos tabuleiros do secador de levedura.

A secagem da biomassa granulada é efectuada numa corrente de ar quente, a temperaturas que não excedam os 40^0 C. A taxa de remoção de humidade da levedura depende: da humidade relativa e da temperatura do ar de secagem, da velocidade do ar quente no secador, do tamanho dos grânulos de levedura, da espessura da camada de grânulos, etc.

A secagem dos grânulos de levedura pode ser efectuada de forma descontínua, sem mistura do material a secar (secadores de zona), com mistura dos grânulos durante a secagem (instalações de secagem de tambor rotativo) e de forma contínua, numa camada estacionária (secadores de túnel) ou em secadores de camada fluidizada.

Na prática, o secador com zonas (tipo Schilde) com capacidade de 30÷40 kg de levedura seca/hora é o mais utilizado.

A instalação de secagem é constituída pelo túnel de secagem, no qual se encontram quatro filas de quadros em que se apoiam quatro peneiras/quadros, sobre os quais são colocadas as aletrias. Os peneiros são colocados em quadros que são inseridos e retirados do secador em quatro filas com a ajuda de um dispositivo especial. Depois de introduzir os crivos no secador, este fecha-se e começa a introdução de ar quente na parte inferior, que passa através do crivo e é eliminado pelo tubo de escape.

A secagem começa a uma temperatura inferior a 32^0 C, após o que a temperatura é gradualmente aumentada para 45^0 C à medida que a água é removida da levedura. Durante a secagem, os peneiros com a levedura são passados gradualmente, em intervalos de 10÷15 minutos, das zonas superiores com uma temperatura mais baixa para as zonas inferiores mais quentes. O processo de secagem dura 60 minutos, resultando numa levedura seca com uma humidade de 7,5÷9,5% e 3÷4% de células mortas.

O secador de zona tem a desvantagem de uma baixa produtividade e de uma distribuição desigual do ar quente, o que torna a secagem da levedura irregular. Além disso, não é possível regular com exatidão a temperatura do ar de secagem.

Obtêm-se melhores resultados utilizando secadores de túnel com funcionamento contínuo, que permitem uma melhor regulação do fluxo de ar, da temperatura e da humidade relativa.

A levedura seca tem uma humidade de 7,5÷9,5%, uma percentagem de células mortas de 3÷4% e uma capacidade de fermentação de 55÷60 minutos.

O acondicionamento da levedura seca é feito em embalagens de 5÷7 g de levedura seca para uso doméstico, de 1 kg para a pequena indústria e em embalagens maiores para as fábricas de pão. A levedura seca embalada em pequenas quantidades é feita numa atmosfera de gás inerte (nitrogénio) ou sob vácuo, o que garante uma vida útil elevada de 1÷1 ½ anos.

No fabrico de levedura seca, é necessário efetuar um controlo periódico da capacidade de fermentação tanto da levedura húmida como da levedura seca produzida.

A levedura seca é utilizada na panificação após uma reativação prévia de 30÷80 minutos numa suspensão de farinha de trigo a uma temperatura de 37÷430C, quando a levedura retoma a sua atividade fermentativa normal [22].

Referência

1. Anghel, I., 1984. *Drojdiile*, Editura Academiei R.S.R., Bucuresti

2. Anghel, I., et al., 1985. *Protoplastii- model experimental pentru studii de biologie celulară si moleculară*, Editura Tehnică, Bucuresti

3. Anghel, I., et al., 1989. *Biologia si tehnologia drojdiilor*, vol.I, Editura Tehnică, Bucuresti

4. Anghel, I., et al., 1991. *Biologia si tehnologia drojdiilor*, vol.II, Editura Tehnică, Bucuresti

5. Anghel, I., et al., 1993. *Biologia si tehnologia drojdiilor*, vol.III, Editura Tehnică, Bucuresti

6. Bahrim, G., 1999. *Microbiologie tehnică,* Editura Evrika, Brăila

7. Anghel, I., Mitrache, L., 1995. *Lectii de genetică*, Editura Scaiul S.R.L., Bucuresti

8. Banu, C., et al., 1993 . *Progrese tehnice, tehnologice si stiinþifice în industria alimentară*, vol.II, Editura Tehnică, Bucuresti

9. Banu, C., et al., 1998. *Manualul inginerului de industrie alimentară*, vol. I, Editura Tehnică, Bucuresti

10. Banu, C., et al., 1999. *Manualul inginerului de industrie alimentară*, vol. II, Editura Tehnică, Bucuresti

11. Banu, C., et al., 2000. *Biotehnologii în industria alimentară*, Editura Tehnică, Bucuresti

12. Banu, C., et al. Aditivi si ingrediente pentru industria alimentară, Editura Tehnică, Bucuresti

13. Borha, V.M., Segal, B., 1988. *Alcoolul etilic carburant*, Editura Tehnică, Bucuresti

14. Cojocaru, C., 1969. *Procedee tehnologice în industria fermentativã*, Editura Tehnicã, Bucuresti

15. Cyimesi, J., Solyan, L., et al., 1979. *Manualul industriei drojdiei si alcoolului*, Editura Agricolã, Budapesta

16. Dabija, A., 2000. *Biotehnologie de fabricare industrialã a drojdiei cu activitate enzimaticã superioarã*, Tezã de doctorat, Universitatea din Galati

17. Dabija, A., 2001. *Drojdia de panificatie. Utilizãri . perspective*, Editura Tehnicã-INFO, Chisinãu

18. Dan, Valentina, 1991. *Controlul microbiologic al produselor alimentare*, Universitatea Galati, 1991

19. Dan, V., et al., 1995. *Memorator drojdii*, Universitatea din Galati

20. Dan, V., 2001. *Microbiologia alimentelor*, Editura Alma, Galati

21. Ioancea, L., et al., 1986. *Masini, utilaje si instalatii în industria alimentarã*, Editura Ceres, Bucuresti

22. Hopulele, T., 1980. *Tehnologia berii, spirtului si a drojdiei*, vol. II, Universitatea din Galati

23. Jâscanu, V., 1986. *Operatii si utilaje în industria alimentarã*, Universitatea din Galati

24. Konovalov, S.A., 1980. *Biochimia drojdiei*, Moscova

25. Leonte, M., 2000 . *Biochimia si tehnologia panificaþiei*, Editura, Crigarux, Piatra Neamþ

26. Macovei, V. M.. 2000. *Caracteristici termofizice pentru biotehnologie si industrie alimentarã, tabele si diagrame*, Editura Alma, Galati

27. Mencinicopschi, Gh., et al., 1987. *Biotehnologii în prelucrarea produselor agroalimentare,* Editura Ceres, Bucuresti

28. Novakovskaia, S.S., Sisatkii, I.I., 1980. Îndrumar *în producþia drojdiei de panificatie*, Piscevaia promîslennosti, Moscova

29. Oancea, I., 1974. *Aspecte ale metabolismului unor substante fermentescibile la drojdii*, Tezã de doctorat, Universitatea Galati

30. Raicu, P., Badea, E., 1986. *Cultura de celule si biotehnologiile moderne*, Editura Stiintificã si Enciclopedicã, Bucuresti

31. Raicu, P., 1990. *Biotehnologii moderne*, Editura Tehnicã, Bucuresti

32. Rãsenescu, I., et al., 1987 . *Lexicon . Îndrumar pentru industria alimentarã*, vol. I, Editura Tehnicã, Bucuresti

33. Rãsenescu, I., et al., 1988. *Lexicon . Îndrumar pentru industria alimentarã*, vol. II, Editura Tehnicã, Bucuresti

34. Rotaru, V., Filimon, N., 1976. *Tehnologii în industria alimentarã fermentativã*, Editura Didacticã si Pedagogicã, Bucuresti

35. Sasson, Al., 1988. *Biotehnologiile . sfidare si promisiuni*, Editura Tehnicã, Bucuresti

36. Sasson, Al., 1993. *Biotehnologii si dezvoltare*, Editura Tehnicã, Bucuresti

37. Segal, B., et al., 1986. *Metode moderne de îmbunãtãþire a calitãtii si stabilitãtii produselor alimentare*, Editura tehnicã, Bucuresti

38. Segal, R., 1998. *Biochimia produselor alimentare*, Vol. I si II, Editura Alma, Galati

39. Spencer, J., Spencer, D.M., 1990. *Yeast technology*, Springer . Verlag, Berlim

40. Stoicescu, A., 1984. *Cercetãri privind formarea alcoolilor superiori în principalele procese fermentative*, Tezã de doctorat, Universitatea Galati

41. Zarnea, G., et al., 1983. *Bioingineria preparatelor enzimatice microbiene*, Editura Tehnicã, Bucuresti

42. Zimmermann, F.K., Entian, K.D., 1997. *Yeast sugar metabolism. Biochemistry, Genetics, Biotechnology and Applications,* Technomic Publishing Co. Inc., Pennsylvania, USA

Printed by Books on Demand GmbH, Norderstedt / Germany